ANATOMIE
DU MONDE
SUBLUNAIRE,

CONTENANT

LES DEMONSTRATIONS

des dispositions, de la constitution
& mouvemens de toutes les parties
du Globe élementaire, depuis sa
circonference jusqu'à son centre.

A LYON,
PAR LA SOCIETE.

M. DCCVII.

AVEC PRIVILEGE DU ROY.

ANATOMIE
DU MONDE
SUBLUNAIRE.

CONTENANT

LES DEMONSTRATIONS DES
dispositions, de la constitution & mouvemens de toutes les parties du Globe
élementaire, depuis sa circonference
jusqu'à son centre.

*DISCOURS UNIVERSEL SUR TOUS
les Arts & sur toutes les Sciences, servant d'introduction à ce Traité, dans lequel il est parlé,
1. De la division des Sciences. 2. De leur en-
chainement. 3. De l'origine de leur incertitude &
de la diversité des methodes. 4. Des deux moyens
d'ôter l'incertitude aux Sciences, l'un par les observations & experiences faites dans toutes les parties du monde, & l'autre par une methode exacte
dans l'examen des proportions & des raports des
choses. 5. De la fin de toutes les Sciences & de
celle de ce Traité.*

ARTICLE PREMIER.

De la division des Sciences.

CEUX qui ont formé leur conduite
sur les maximes de la Sagesse, dont

A

le principal point confiste à fe connoître &
à rendre la juftice dans foy-même aux parties qui nous compofent , par la preference
des plus nobles ; ont mis leurs plus grands
foins à cultiver leur efprit par les fciences ,
& à le perfectionner par l'étenduë & par
la clarté de leurs connoiffances.

Les uns fe font déterminé par l'élevation de leur efprit, à la fpeculation des chofes fublimes ou univerfelles ; les autres
par leur curiofité à la recherche des caufes
cachées des effets naturels ; & les autres
par leur prudence à la connoiffance des chofes utiles.

ARTICLE II.

Objets des diverfes Sciences.

LEs premiers fe font attachez à la contemplation des chofes Divines , furna-
turelles , ou abftraites ; les feconds à la penetration des myfteres de la nature ; & entre les derniers , les uns ont recherché la
connoiffance des vertus qui conduifent à la
felicité de l'ame , & les autres celle de la
conftitution & des difpofitions du corps.

Toutes les Sciences font fubdivisées en
plufieurs efpeces , fous des noms convenables à leurs objets ; leur progrés depend de
l'attachement & de l'affiduité des Studieux,
& les moyens de les porter au plus haut
point de leur perfection, confiftent dans la

connoiſſance des rapports que les unes ont
avec les autres, par l'ordre & par l'enchai-
nement de leurs principes, & par la convenance de leurs matieres.

Cette verité eſt connuë de ceux qui ont
contracté beaucoup d'habitude à entrer
dans le ſens des Autheurs anciens & nouveaux, qui ont excellé dans l'une ou dans
pluſieurs de ces Sciences, & de ceux qui
les ont reduites ſous des principes communs
ou univerſels, au moyen des idées generales qu'ils ſe ſont formées de leurs objets.

ARTICLE III.

De l'origine de l'incertitude dans les Sciences &
de la diverſité des methodes.

MAis la plus parfaite intelligence de
tous ces Auteurs, contente rare-
ment les eſprits les plus ſolides, la multitude & la varieté de leurs ſentimens, &
celle des moyens qu'ils ont employés pour
les établir, engendrent ordinairement des
incertitudes & des confuſions, qu'il eſt neceſſaire d'éclaircir par le ſecours d'un jugement droit & exquis, & par un diſcerne-
ment juſte & exact des rapports & des differences des opinions & des methodes, afin
d'en peſer les raiſons, les principes & les
conſequences ; en reconnoître l'ordre & la
diſpoſition ; reſerver ce qui a le plus de
force & le plus de poids ; & faire un juſte

choix des voyes les plus reguliéres pour aller plus droit à la verité.

C'est seulement par deux voyes, mais assez vastes & étenduës, que ces differens Auteurs se sont écartés dans cette grande diversité de sentimens ; dans la premiere les plus speculatifs ont tiré l'origine des choses de certains principes, préalablement supposés, que les uns ont estimés spirituels ou abstraits, les autres les ont imaginés materiels, les uns les ont crû simples & singuliers, & les autres ont soutenu qu'ils sont de plusieurs natures & d'un plus grand nombre.

Dans la seconde de ces voyes d'autres Auteurs plus circonspects ont tâché de remonter par les effets à la connoissance des causes.

Cette seconde voye est subdivisée en deux autres ; dans la premiere les Curieux tendent à leurs fins par des experiences qu'ils font sur les sujets qu'ils ont en leurs mains ; & dans l'autre les Contemplatifs ramassent les Observations qu'ils font des mouvemens, & autres accidens des objets des plus élevés ou des plus dignes sujets de la nature.

L'intention des Sectateurs de la premiere de ces dernieres voyes, est de découvrir par diverses experiences les principes naturels de toutes les dispositions, actions & passions des objets qui tombent sous nos sens ; & les Sectateurs de la seconde ont inventé des systémes qu'ils ont estimés suffisans à l'explication de tous les Phenoménes, obſervés dans leurs contemplations.

Quoiqu'il y ait moins de détours par ces dernieres voyes, neanmoins la diverſité des cauſes auſquelles on peut referer les mêmes effets, & les differentes hypotheſes qui peuvent produire les mêmes apparences, laiſſant une égale probabilité à leurs inductions, & à leurs ſupoſitions, ont donné dé pareilles occaſions à la varieté des opinions; & les divers Sectateurs de ces differentes voyes ont cherché pluſieurs expediens pour maintenir la ſeureté de celle qu'ils ont tenuë, & trouvé un grand nombre d'inconveniens par leſquels ils prétendent former l'entrée à celle des autres.

Leurs perpetuelles conteſtations ſur ces prétentions oppoſées par des affirmations contraires & par des objections reciproques, par leſquelles ils s'obſtinent à ſoutenir leur parti, & s'efforcent de renverſer celui de leurs adverſaires, decouvrent le danger qui ſe rencontre à les ſuivre, & à s'engager dans leurs differens.

ARTICLE IV.

Des moyens d'ôter l'incertitude des Sciences ; ſçavoir, premierement par les obſervations & experiences faites dans toutes les parties du monde.

CEs conſiderations faites avec une meure deliberation par une perſonne avancée en âge, aimant les sciences dés sa jeuneffe, qui eft entré fucceffivement dans toutes les Sectes, qui en eft revenuë fans prévention, & qui en a rapporté une entiere indifference, l'ont determiné à entreprendre un long travail pour ouvrir & aplanir un chemin peu ou point battu, qui pourra être moins traversé, & dans lequel les curieux de la verité trouveront des adreffes plus frequentes & plus feures pour le point auquel ils afpirent de parvenir.

Cette route cy-devant inconnuë eft tracée par un amas d'obfervations faites dans toutes les parties du monde Sublunaire, des divers mouvemens de la nature; les convenances & les proportions de ces mouvemens font les adreffes qui conduifent à leurs caufes particulieres & prochaines; les comparaifons de ces mouvemens à ceux des corps celeftes font les milieux qui ouvrent le paffage à la connoiffance des caufes fuperieures; & celles-cy font le dernier degré pour s'élever à la contemplation de la caufe fuprême, generale & univerfelle.

Cette voye refferrée par des barriéres qui ne permettent pas de fe beaucoup écarter, fera la plus capable de charmer l'imagination, & de fatisfaire l'efprit par les agrémens qui s'y rencontreront, de tout ce qu'il y a de plus curieux & de plus admirable dans le circuit & dans la fuperficie de ce bas monde, dans le plus profond où l'on a pû penetrer de fes entrailles, dans le plus haut où l'on a pû parvenir de fes

éminences, & dans tout ce que la nature a
eu de plus extraordinaire & de plus memo-
rable arrivé dans la fucceffion des fiecles.

Les expediens neceffaires pour rendre ce
chemin affuré, font les recueüils qu'on a tiré & mis en ordre des relations de tous les
pays du monde, & des voyages de plus long
cours, de celles que divers Curieux nous
ont donné, des obfervations qu'ils ont faites dans les lieux fous-terrains, dans les
fonds des mines, & fur les fommets des
hautes montagnes ; des experiences auf-
quelles d'autres fe font exercés, & des
memoires que les Hiftoriens fameux nous
ont laiffés ; des accidens ou évenemens
finguliers des fiecles qui nous ont precedé.

I I. *Par une methode exacte dans l'examen des
rapports & des proportions des chofes.*

Tous ces guides fur la conduite defquels
il femble qu'on puiffe s'affurer, peuvent
neanmoins nous faire égarer, en s'égarant
eux-mêmes ; une feule relation eft fufpec-
te, & les differences qui fe rencontrent entre plufieurs relations des chofes des mêmes tems & des mêmes lieux, nous jettent
dans l'incertitude & dans le doute de leur
verité.

Les expediens pour fe tirer heureufe-
ment de pareils embarras, font de fufpendre
fon jugement fur tout ce qui peut faire
naître quelque fufpicion par le defaut de
l'autorité ou de la reputation de l'Auteur,

A iiij

ou par celui de là probabilité des circonftances, & de ne recevoir pour certains
que les faits fur lefquels plufieurs relations
conviennent, ou à la vrai-femblance defquels plufieurs pareilles obfervations concourent.

Plufieurs effets de même nature fe rencontrent dans des lieux & dans des tems,
& font accompagnés de plufieurs circonftances, dont la diverfité qui ne peut s'accorder qu'avec les caufes naturelles, donne
le moyen de les difcerner des étrangeres ;
& ces caufes ainfi reconnuës, decouvrent
reciproquement l'origine de tous les effets
qui leur font propres & convenables.

Tous ces fignes obfervés en cette façon
dans les dehors, donnent une parfaite connoiffance de la difpofition du dedans, & la
connoiffance du dedans donne à fon tour
celle de tous les rapports & de toutes les
fuites des accidens & évenemens du dehors.

C'eft par de telles voyes que les Medecins font profeffion de connoître la difpofition des parties internes, & les caufes des
accidens qui paroiffent, ou qui arrivent à
l'exterieur ; c'eft ainfi que les Naturaliftes
connoiffent la nature, & les vertus des
fimples ; les Phyfionomiftes, les tempera-
mens & les inclinations ; c'eft en cette forte
que par les actions & deportemens des
hommes, on juge de leurs mœurs, de leurs
habitudes & de leur religion, & que par
ces principes decouverts dans l'interieur
on peut rendre raifon ou avoir la prévo-

yance de toutes les apparences & de tous les mouvemens de leur exterieur.

Ces Arts, ces Dogmes & ces Sciences, dont les objets sont également éloignés, retiennent en cette façon dans l'ordre de leurs progrés des raisons & des proportions, par les comparaisons desquelles leur correspondance dans leurs principes & dans leurs conséquences est évidemment entretenuë.

La constitution & les organes du corps humain doivent avoir ensemble les mêmes proportions que les diverses puissances & operations de l'entendement, & que les facultés & émotions de l'ame ont entr'elles; nos intentions, les obligations de nos devoirs & nos actions, ont ou doivent avoir ensemble les mêmes proportions qu'ont entr'eux les objets ausquels elles se rapportent; & tous les effets conservent entr'eux les mêmes proportions que leurs causes gardent entr'elles.

ARTICLE V.

De la fin de toutes les Sciences & de celle de ce Traité.

C'Est au moyen de ces proportions que les qualités & les circonstances de ces effets representent les vertus & la disposition de leurs causes ; c'est par l'observation des proportions qu'un petit tableau re-

preſente en racourcy un grand corps, &
qu'une petite Carte repreſente tout un
pays ou tout le globe de la Terre, & c'eſt
en cette maniere que l'Univers eſt à l'image
de Dieu, & que l'homme eſt à l'image de
l'un & de l'autre.

Ces relations doivent être miſes ailleurs
dans un plus grand jour, mais celle qui
merite la premiere conſideration & qui
donne le prix à toutes les œuvres, à tous
les Arts, & à toutes les Sciences eſt la fin
à laquelle elles tendent, dont la droiture
nous peut fournir des exemples & des regles pour diriger à la plus juſte tout le
cours de ce Traité.

La fin prochaine de la Medecine eſt la
ſanté du corps ; celle des Naturaliſtes eſt
l'application des ſimples & des autres corps
à l'uſage des hommes ; celle des Phyſio-
nomiſtes & des autres ſciences conjectura-
les eſt la connoiſſance des inclinations pour
les diriger ou corriger par de bonnes habitudes ; celle de la Morale eſt la direction
des mœurs par la raiſon ; celle de la Politi-
que eſt la proſperité de l'état ; celle des
ſciences ſpeculatives eſt d'éclairer l'entendement ; celle de tous les Arts & de toutes
les Sciences pratiques eſt dans les biens du
genre-humain; & enfin celle de la Religion
conſiſte dans les devoirs envers Dieu, envers ſon prochain, & en vers nous-mêmes
comme creatures de Dieu.

C'eſt à cette juſte & digne fin de la Religion,que toutes les autres fins doivent être

referées, on ne doit conſerver ni rétablir la
ſanté du corps, ni lui procurer l'uſage des
dons de la nature, que dans le deſſein de le
tenir ou de le rendre plus diſpoſé aux operations de l'entendement; ce n'eſt que pour
maintenir ou remettre l'ame dans une loüa-
ble diſpoſition, que nous devons regler nos
mœurs & nos inclinations ; ce n'eſt que
pour la perfectionner & pour la bien conduire qu'il convient de l'éclairer par les
ſciences ; la fin raiſonnable du bonheur de
l'état, eſt la vertu des peuples, & genera-
lement toutes ces fins plus & moins prochaines d'operations de l'entendement, de
diſpoſitions, lumieres, & perfection de
l'eſprit & de l'ame & de l'exercice des vertus doivent être réünies dans l'unique &
derniere fin de nôtre devoir envers nôtre
Createur & envers ſes creatures.

CHAPITRE PREMIER.

De l'ordre & du deſſein de ce Traité.

ARTICLE I.

*De l'obſervation de tous les ſignes & de toutes
les marques qui ſe trouvent au dehors du
monde, de la conſtitution du dedans.*

L'Ordre de ce Traité pour élever par degrés les eſprits à une fin ſi haute & ſi

noble, est de penetrer premierement par le moyen des marques exterieures dans la connoiſſance des diſpoſitions de ce Globe élementaire, & dans celle de tous les principes qu'il renferme juſqu'au fonds de ſon centre ; d'en expliquer tous les effets & tous les mouvemens par la certitude de leurs cauſes, de revenir & de paſſer enſuite par le milieu de tous les élemens pour monter juſques aux Planettes, au Firmament & au plus haut des cieux, d'obſerver les rapports & les proportions reciproques des natures & des mouvemeus des corps celeſtes & élementaires ; & de découvrir la correſpondance de toutes les parties de l'Univers.

ARTICLE II.

Des obſervations des rapports reciproques de l'Homme & de l'Univers.

CE projet paſſe plus avant, il s'étend aux obſervations des rapports que le petit & le grand monde, l'homme & l'Univers ont enſemble dans la commune image que leur Auteur leur a imprimée de ſa nature ; & à conſiderer avec admiration dans leurs diverſes parties, puiſſances, & facultez, les traces & les veſtiges des attributs de la Divinité.

Mais les longues ſtations qu'il convient de faire dans tous les points d'une conſideration si importante qui se rencontre dans l'étenduë de cette voye, ne font pas les limites de ce projet; les approches en font dans les comparaisons de tous les devoirs du petit monde à l'ordre & à la regularité du grand, & à la concorde & harmonie de tous ses mouvemens; & le dernier terme qui fait le premier motif & la derniere fin de ce Traité, est dans la pratique du petit monde, de tous ses devoirs envers son Createur & envers ses creatures en toutes ses affections & en toutes ses actions.

Les convenances de ces deux mondes dans les bornes & dans les imperfections de leur commune nature creée, ne font pas moins grandes que celles qu'ils ont dans les caracteres qu'ils portent de la divinité, ils font également dissipés & differens d'eux-mêmes par une continuelle varieté & par de perpetuels changemens, & hors les secours de leur commun Auteur par les influences, & par les graces duquel ils font relevés des défauts de leur être aux degrés de vertus & de perfection, dont leur creation les a rendu capables, ils n'ont rien de stable ni rien de permanent.

Les reflexions sur ces veritez solides font d'une grande utilité, pour empêcher l'esprit de s'élever au dessus de son ordre, afin de l'arrêter dans la consideration de la foiblesse & de la bassesse qui lui font communes avec les autres creatures, & pour le retenir devant Dieu dans une soumission & dans une humilité volontaire aussi profonde que cel-

les qui lui conviennent par la ressemblan-
ce de sa nature à celle du monde materiel.

C'est en bref tout le dessein de ce Traité,
entrepris dans l'esperance d'être éclairé par
celui duquel procedent toutes les lumieres,
auquel se doivent referer toutes les verités,
& le succez de tout ce qui est & sera com-
pris dans ce Discours, & duquel les erreurs,
les défauts & les manquemens se doivent
imputer à la foiblesse du genie de celui, du
ministere, duquel ce premier Auteur de tous
les Estres, s'est servi pour le mettre au jour.

ARTICLE III.

Division de ce Traité.

LEs premieres demarches de ce dessein,
suivant l'ordre cy-devant projetté,
doivent être faites par une pleine exposi-
tion de tous les signes du temperament &
constitution interieure de ce Globe élementaire, qui se rencontrent au dehors, & dans
les endroits où les travaux, ou industrie
des hommes ont pû pénétrer ou atteindre,
dans lesquels ils ont observé les dispositions,
mouvemens & revolutions des élemens &
des autres corps provenans & participans de
la nature de l'un ou de plusieurs des élemens.

Le fondement de tous les élemens sur le
centre commun du Globe terrestre, nous in-
dique le même ordre dans les relations ne-

ceſſaires qui feront premierement faites des obſervations tirées de la terre & de celles des corps graves & ſolides ; Secondement de celles des eaux & des matieres fluides; & enſuite de celles de l'air, des vapeurs, des exhalaiſons & des vents ; & en dernier lieu du feu & des matieres ignées.

Mais les affections reciproques de ces élemens, les faiſant ſouvent concourir, ſe mêler & ſe confondre aux mêmes endroits, engagent dans le diſcours particulier de l'un de rapporter des autres tout ce qui eſt neceſſaire pour l'explication des circonſtances de celui qui fait la principale matiere ; reſervant le ſurplus de ceux qui ne font pas le ſujet propoſé à leurs propres chapitres, ou au chapitre commun qui demontre plus clairement leurs occurrences & leurs concurrences, par rapport à leurs cauſes & à leurs principes.

Cet ordre ſera premierement obſervé dans une idée univerſelle qui ſera donnée de la conſtitution, temperament, diſpoſition, mouvement en particulier & en commun de tous les élemens, ſur le fondement des obſervations & des experiences referées en general, & ſur les conſequences évidentes qui en font tirées, conformes aux ſentimens des plus graves d'entre les Anciens, & à ceux de quelques-uns des plus celebres d'entre les Modernes.

Toutes les obſervations, experiences & autorités feront enſuite au long referées dans le même ordre avec les citations des Auteurs, dont elles ont été tirées.

CHAPITRE II.

Des signes de la constitution interieure du Globe terrestre tirés de son exterieur.

LEs signes de la constitution interieure du Globe terrestre qui tombent sous nos sens consistent.

I. Dans la temperature de sa superficie & dans les qualités des corps contigus à sa superficie.

II. Dans la temperature des corps ou substances qui sortent de sa profondeur, ou que l'on trouve en son exterieur.

III. Dans l'inégalité de sa superficie.

IV. Dans la nature des corps qui reposent audessus ; dans celle de ceux qui en découlent, & dans celle de ceux qui sont repoussés ou élevés du dedans au dehors.

V. Dans la forme & maniere des mouvemens des corps graves, tombans ou poussés des hauteurs jusqu'à la superficie des terres, & au dessous de la superficie dans les lieux les plus profonds.

VI. Dans le changement du poids ou pesanteur des corps graves, suivant qu'ils sont plus ou moins éloignés de la superficie & plus proche du centre du Globe terrestre.

VII.

VII. Dans les mouvemens extraordi-naires, communément appellés tremble-mens de terre, & dans les accidens & cir-conſtances des tremblemens.

VIII. Dans les corps qui entrent & qui demeurent au dedans de ce Globe.

ARTICLE I.

Des ſignes de la conſtitution interieure du Globe terreſtre, tirés des qualités de ſa ſuperficie, & de celles des corps contigus.

LEs ſignes du temperament du Globe terreſtre que l'on découvre dans ſon exterieur, conſiſtent dans les qualités des ter-res qui compoſent ſa ſuperficie, dans celle de l'air & des autres élemens ou corps mix-tes qui lui ſont contigus, ou dans celle de ceux qui s'élevent au deſſus, ou qui s'a-baiſſent au deſſous de ce Globe.

Les lieux des mêmes climats & de mê-me aſpect, étant ordinairement tant dans les qualités de leur air que dans celles de leur terre, d'autant moins chauds & d'au-tant plus froids qu'ils ſont plus élevés, & d'autant plus chauds & moins froids qu'ils ſont plus bas, demontrent par les differen-ces qui ſuivent celles de leur ſituation dans une plus ou moins grande diſtance du cen-tre, un principe de chaleur dans l'interieur de la terre, ſuivant les raiſons & obſerva-tions d'Eſtienne Declave dans ſon Traité des

Pierres & des Pierreries, de Morin, *de mundi sublunaris anatomia*, *& in relatione locorum subterraneorum*, *l. 1. ch. 14. & l. 2. ch. 2. kir. ker tom. 2. mundi subterr. lib. 10. c. 1.* Robert Boyle *de temperie subterr. region. cap. 2. part. 6. India orientalis cap. 47.* Voyage d'Edoüard Brouan en Hongrie, *p. 131.* Duhamel de *Meteoris, lib. 1. c. 1.* Les effets de ce principe de chaleur sont plus ou moins sensibles dans les diverses parties de la superficie du Globe terrestre, suivant & à proportion de leur plus ou moins grand éloignement de ce principe.

L'affoiblissement & la diminution de cette chaleur interne par la plus grande facilité que celle du Soleil qui pénétre jusqu'à une certaine profondeur, donne en Esté à son issuë & à son expansion au dehors ; & son augmentation au dedans par sa reduction & réünion dans un lieu plus étroit, lorsque les pores de la terre plus resserrés par le froid exterieur, permettent moins son issuë, son extention & sa dissipation au dehors, ainsi qu'il arrive dans les rigueurs de l'Hyver, démontrent également dans son interieur le principe caché dont elle part.

ARTICLE II.

Des signes tirez de la temperature des corps qui sortent de sa profondeur, ou que l'on trouve au dedans.

LES Fontaines qui contractent par leurs passages dans les lieux profonds les qualités qu'elles rencontrent dans la terre, demontrent par la chaleur qui les fait fumer en Hyver, & par le froid qu'elles font sentir au fort de l'Esté, la même vicissitude de leurs qualités qui se conforment à l'affoiblissement, ou au renforcement de l'action des principes interieurs, qui agissent differemment, suivant les occurrences des causes & dispositions exterieures.

La nature diverse des corps qui sont poussez au dehors & que l'on rencontre au dedans, marquent également les vicissitudes & les concurrences de ces deux qualités contraires dans la substance de la terre.

Les corps onctueux, huileux & sulfureux marquent la condensation qui se fait par le froid des exhalaisons & des fumées chaudes élevées des lieux profonds qui concourent à leur production.

Les sels & les autres corps salins ou fixes demontrent la chaleur interne par l'évaporation de toute l'humidité dans laquelle leur nature étoit diffuse, & par la contraction de tout ce qui s'y est rencontré de fixe ; & les corps participans de la nature du chaud & du froid comme le falpêtre & le fouffre mineral, demontrent un mélange & une alternation de ces deux qualités contraires.

La chaleur des eaux minerales, les feux & les fumées que l'on voit fortir des divers endroits de la terre, donnent de pareilles marques de la chaleur qu'elle enferme ; & la fraîcheur de quelques autres eaux minerales, ainfi que la confervation des neges & des glaces, pendant les plus grandes chaleurs de l'Efté fur les hauteurs des montagnes, & dans les concavités des plaines d'une mediocre profondeur, demontrent la froideur naturelle de la terre dans tous les endroits reculés de la chaleur interieure.

Ce naturel de la terre fait reffentir dans les tems & dans les pays les plus chauds, depuis l'endroit auquel finit la pénétration de l'activité du Soleil, un froid d'autant plus aigu & d'autant plus prolongé au dedans, que la chaleur interne eft à l'occafion de ces circonftances plus affoiblie par fon expanfion, & par fa diffipation au dehors.

Les Auteurs furnommés és lieux cités.

* Ce froid eft peu à peu moderé & enfin furmonté & terminé dans la profondeur de la terre par une chaleur plus ou moins grande, fuivant que les corps de ces endroits font plus ou moins tant au deffus, qu'au deffous, difposés à la tranfpiration ou à la conftriction des exhalaifons, & fuivant que la chaleur eft refferrée & réü-

nie dans une plus grande ou dans une plus petite Sphere auprés ou autour de son principe.

Ces deux qualités contraires se combattans incessamment, prévalent alternativement l'une à l'autre dans les endroits de leurs concurrences, lesquelles se font plus proche ou plus loin de la superficie ou du centre du Globe terrestre, suivant les dispositions des tems & des lieux.

Suivant ces circonstances, ces qualités agissans differemment ou concurremment sur les corps humides, aqueux ou onctueux, denses ou rares, subtils ou grossiers, & solides, reglent le temperament des principales parties du dedans, & celui des écoulemens qui reposent ou qui s'élevent au dessus de la superficie de ce Globe.

Les observations de ce temperament de ces situations & de ces concurrences faites par tous ceux qui ont penetré plus avant dans les lieux soûterrains, seront cy-aprés exactement referées.

ARTICLE III.

Des signes de l'inégalité de la superficie du Globe terrestre.

LEs configurations, égalités & inégalités des superficies exterieures & celles des parties interieures & concavités du Globe terrestre, demontrent par leur gran- G. Agricola, de ortu & causis subterr. lib. 3. pag. 36. & 37.

deur & par leur ſtabilité, leur origine d'u‑
ne cauſe plus forte & plus conſtante que
celle de la participation de ces qualités
contraires, qui ont ſeulement pû apporter
à ces parties par leur rarefaction ou par
leur condenſation quelques diſpoſitions à
des mouvemens differens.

Ces configurations, égalités & inégalités
ſe voyent dans les plaines, dans les hau‑
teurs prodigieuſes dont les montagnes ſur‑
paſſent les plaines, dans les abaiſſemens
des valons, dans l'étenduë & dans les pro‑
fondeurs immenſes des concavités qui con‑
tiennent les mers, & dans celles des au‑
tres concavités obſervées dans l'interieur du
Globe terreſtre.

La nature uniforme de la gravité qui
pouſſe plus ou moins tous les corps graves
& terreſtres, au même centre, ſuivant
qu'ils ont plus ou moins de denſité; & la‑
quelle leur donne la force de faire remon‑
ter par la compreſſion de leurs poids tous
ceux qui en ont moins, ſi leur continuité
n'y apporte aucune reſiſtance, auroit diſ‑
poſé tous les corps également ſolides à une
ſuperficie équidiſtante du centre dans tout
le circuit de ſa circonference,& tous les au‑
tres corps d'une differente ſolidité dans une
proximité & diſtance du centre juſtement
proportionnée à leur rarité & à leur denſi‑
té, ſi quelque cauſe ſuperieure ou infe‑
rieure n'avoit alteré ſon action par un ren‑
forcement venant d'en haut, ou par un
empêchement, reſiſtance ou contrarieté ve‑
nant d'en bas.

Cette cause de l'alteration de la gravité ne se trouve pas dans la nature des élemens superieurs, qui est de presser également le Globe terrestre dans tous les endroits de leur contiguité, ni dans celle des substances celestes, ou des diverses parties de leurs cieux, desquels toutes les portions & tous les points des cercles qui composent la circonference du Globe terrestre, se trouvans en peu d'heures, ou en peu de mois, sous le même Astre, ou sous toutes les parties d'un des cercles qui remplissent la Sphere du Firmament, n'ont pû recevoir dans tous ces endroits que de pareilles impressions.

Cette cause de l'alteration de la gravité & de ces configurations irreguliéres du Globe terrestre, ne se peut consequemment trouver que dans un principe interieur d'une nature contraire à celle de la gravité qui ait changé & perverti par son action & par son impulsion au côté opposé la proportion de celles de la gravité aux diverses dispositions des sujets.

Ces deux principes contraires se trouvant en concurrence dans des endroits d'une disposition, situation & resistance également ou plus ou moins convenables à l'un ou à l'autre, se font dans les uns rencontrés d'une égale & dans d'autres d'une inégale force.

Les plaines marquent par leur égalité celle des forces des principes contraires, dans les lieux dont les dispositions leur ont été également convenables ; les montagnes demontrent par leurs exhauffemens la force d'un principe qui pouffe les corps du centre à la circonference , lequel a prévalu fous ces lieux à celle de la gravité.

Les endroits dans lefquels celle de la gravité a prévalu aux impreffions contraires, fe trouvent dans les valons , dans les abaiffemens & dans les concavités des lits de nos Fleuves & de nos Mers ; les concavités foûterraines font des effets des concurrences de ces deux principes contraires dans lefquels les impreffions de l'un ont pouffé les terres en haut , & les impulfions de l'autre les ont enfoncées dans le bas ; & toutes ces impreffions de ces differens principes , dont l'un pouffe tous les corps à la circonference , & l'autre les porte tous au centre , ont pû & peuvent recevoir de l'augmentation ou de la diminution dans leurs forces & dans leurs effets par les impulfions conformes ou contraires de quelques autres caufes plus ou moins particulieres & moins ordinaires.

Ces caufes font les tremblemens ou changemens de ce Globe élementaire , de toutes lefquelles caufes & principes , impreffions & impulfions conformes & contraires, la verité deviendra inconteftable par leur parfait rapport à toutes les obfervations & à toutes les experiences referées au long dans la fuite de ce Traité.

ARTICLE IV.

*Des signes tirés de la nature des corps qui repo-
sent au dessus de ceux qui en découlent, &
de ceux qui sont repoussés ou élevés du dedans au dehors.*

LE fonds des matieres élevées en vapeurs par la rarefaction, provenant
des chaleurs soûterraines ou de celles du
Soleil resoluës subsequemment en pluyes,
ou congelées dans la moyenne region de
l'air en neges ou en grêles, qui sont ensuite fonduës par les chaleurs subsequentes;
seroit bien-tôt épuisé * dans les montagnes où leurs chutes sont plus frequentes,
& où leurs écoulemens font plus grands
qu'ailleurs, à cause de leurs pentes aux
lieux inferieurs, par lesquelles elles tombent dans les rivieres & entrent avec elle
dans les Mers : s'il n'étoit continuellement
reparé par d'autres matiéres que par celles
de quelques eaux arrêtées au dessus des chaleurs soûterraines des lieux bas, ausquels
elles ont pris leurs cours, ou par celles
des vapeurs élevées des Fontaines, des Lacs,
des Rivieres, ou des Mers.

* G. Agricola de natura eorum quæ effluunt exterra l. 2. p. 124. de gravib. innatantib. super aquas, & p. 125. de insulis natantib, *Histoire de l'Academie Royale des Sciences de l'année 1703. sur l'origine des Fontaines 1. Partie, p. 2. & 3. 60. & 61. 2 Partie, M. de la Hire ajou-*

te aux raisons & observations d'Agricola, & des autres Autheurs les experiences qu'il a faites, qui détruisent entierement l'opinion de ceux qui rapportent aux pluyes & aux fontes des neges, l'origine des Fontaines, des Rivieres & des Fleuves. Il a observé que les pluyes ne penetroient pas seulement
seize pouces en assez grande quantité pour former le plus petit amas d'eau sur
un fonds solide : encor faloit-il que la terre sur laquelle il faisoit son experience, fût entierement denuée d'herbes & de plantes, car dés qu'il y en avoit,

& qu'elles étoient un peu fortes, loin que la pluye qui tomboit fût suffisante pour se ramasser au delà de seize pouces de profondeur, elle ne l'étoit pas pour nourrir ces plantes, & il falloit encor les arroser de tems en tems.

L'observation faite avec exactitude confirmative de ce fait, est rapportée au long des p. 3. 4. & 5. & la demonstration qui en est faite par l'exemple de ces eaux de Rungis auprés de Paris, dont la relation est amplement faite en cet endroit, desquelles observations la verité & les consequences sont encor confirmées par les relations des experiences du même Autheur des pages 60. 61. 62. 63. & 64. de la seconde partie du même tome de l'année 1703. & les autres opinions refutées par les inconveniens ausquels elles seroient sujettes, & les objections contre le sentiment de l'Autheur resoluës, & l'explication de son opinion dans laquelle il avoüe qu'il se rencontre des difficultés, & laquelle il ne propose consequemment pas comme generale, & commune, il avoüe neanmoins en la page 61. la penetration des eaux ramassées dans des lieux sablonneux, lesquels les laissent passer facilement, mais lorsqu'il dit que ce ne peut être que des eaux particulieres dont on ne peut tirer de consequence generale, il n'a pas fait reflexion sur les observations faites de la nature du fonds des mers, qui n'est presque par tout qu'un sable, dont on ne sçauroit trouver la profondeur, ni la fin, ni rien consequemment ailleurs, dont on puisse plus vrai-semblablement tirer de conséquence plus generale de la penetration des eaux ramassées en une si immense quantité : il ne s'agit donc plus que de chercher la cause qui les reconduit jusques aux plus hautes eminences. L'aveu de Mr. de la Hire, de la penetrabilité des lieux sablonneux, tels que les fonds des Mers, convient à ce qui en est dit par Belher p. 60. Physicæ subterr. & par Vanhelmont, & à la consequence que cet Autheur en tire du passage necessaire des eaux au dessous des terres, & du fonds des mers pour delà être repoussées aux origines des sources. C'est au commencement de ses œuvres, Chap. de la Terre, p. 34. mare igitur in sui fundo in cribro sabuli virginis receptas sorbet aquas, ita nempè juxta Sapientem; ut omnes in mare fluant, nunquam tamen regurgitent, D. *Boyle* Relat. de fundo maris Arenoso sect. 1. p. 1. 2. 3. *Ledit Helmont, quelques lignes au dessus parle de ce sable en ces termes.* Hoc sabulum cribrum atque fundamentum naturæ est, per quod aquæ omnes transcolantur, *& ajoûte dans la suite,* quandiu aquæ in vivo vitalique terræ fundo oberrant, atque in sabulo detinentur, tandiu legib. hydraulicis parere non coguntur, non secus ac sanguis dum in venis vita fovetur, tandiu quoque supra, & infra crescit, &c. *Ce qui suit est du Globe terrestre, dont il sera parlé dans la suite.*

Cette consequence est évidente dans la situation de la chaleur soûterraine des montagnes, laquelle quoi qu'elle soit communement dans une égale distance de la superficie des terres, d'un plus foible degré que la chaleur soûterraine des plaines, est neanmoins plus exhaussée que celle de la chaleur soûterraine des lieux inferieurs, & plus même que la superficie des plaines, des valons, des lacs, des rivieres, & des mers.

Les vapeurs élevées de tous ces endroits ne parviennent rarement ou jamais sur les grandes hauteurs des montagnes, dont les vents originaires les écartent, & les vents marins qui ne font jamais prolongés au de là de quinze ou vingt lieües des mers ne peuvent porter leurs vapeurs qu'aux lieux inferieurs des montagnes d'une diftance mediocre.

La matiere des vapeurs refoluës en pluyes ou en neiges qui fe fondent fur les montagnes, & qui s'écoulent enfuite jufques dans les mers, ne peut être reparée par aucun retour des mêmes vapeurs, ni par celle des vapeurs des plaines ou des valons, des rivieres ou des mers, qui font écartées ailleurs par les vents, ni par d'autres élevées du deffous au deffus de la region de la chaleur foûterraine, par laquelle elles feroient plûtôt repercutées aux lieux inferieurs qu'élevées aux fuperieurs.

Il faut donc neceffairement que le fonds des matieres neceffaires pour fournir aux vapeurs, aux pluyes & aux neges des montagnes, foit élevé dans fa denfité naturelle au deffus de la region de la chaleur foûterraine, ou jufques aux endroits aufquels pénétre l'activité du Soleil, par l'impreffion d'une faculté qui pouffe les corps du centre à la circonference, & qui agiffe plus fortement fur cette matiere, dans ces endroits, que n'agit ailleurs celle de la gravité, ni celle de la repercuffion de la chaleur foûterraine, qui les pouſſent de la circonference au centre.

ARTICLE V.

Des ſignes tirés du poids & de la forme ou maniere des mouvemens des corps graves tombans ou pouſſés des hauteurs ſur les ſuperficies, ou au deſſous des ſuperficies.

CEtte impulſion contraire à celle de la gravité, eſt d'autant plus forte & plus ſenſible dans les lieux profonds, qu'elle eſt plus proche du centre, & que l'air ſuperieur ou ſubſtance étherée dont il eſt rempli, a moins de liberté d'y penetrer.

Les obſervations referées dans la ſuite tirées des Officiers, des Ouvriers & des Curieux, qui ſont deſcendus dans le fond des mines, nous convainquent de cette verité par l'experience, qu'ils font du poids des corps ſolides beaucoup moins ſenſibles lorſqu'ils les portent & les remuent dans le fonds des plus profondes mines, qu'il ne l'eſt au dehors ſur la ſuperficie du terrain.

Quoy que l'air rarefié par la chaleur que l'on y trouve beaucoup plus grande qu'aux lieux ſuperieurs, y dût faire moins de reſiſtance aux impreſſions de la gravité.

Le même principe de cette impreſſion contraire à celle de la gravité, concourt à la diminution du mouvement des corps peſans jettés & pouſſés en bas avec violence,

Franciſcus Baco, art. 33. Sylvæ Sylvarum, *dont le texte eſt cy aprés referé, & ce qu'en ont écrit* Guill. Gilbert. M. de Monteonis Mathieu Untzer, & Ath Kircher, *aux lieux citez en la page ſuivante.*

du haut d'une tour, ou d'une montagne escarpée.

La vitesse de ces corps est insensiblement ralentie jusques à ce que sa proportion aux impressions de l'impetuosité & de la gravité soit égale à celles que la vitesse retranchée, a tant avec la resistance que le milieu fait à la division, qu'avec la resistance de l'impression contraire à la gravité & à l'impetuosité.

ARTICLE VI.

Des signes tirés du changement du poids des corps, suivant qu'ils sont plus prés ou plus loin du Centre.

LEs convenances des qualités des Atmotspheres, qui procedent du centre plus grandes, & les degrés des forces de leurs impressions plus proportionnés en certains endroits aux Atmotspheres des corps d'un certaine densité, font que ces corps tombans dans un puits, sont d'autant moins endommagés, & que l'on trouve à ceux qui y sont pesez, d'autant moins de pesanteur que ces puits sont plus profonds. *

* Neque graviora velocius moventur cêtro terræ appropinquantia, sed circunferentia tantum, tardiusque semper cadunt corpora à superficie, donec ad centrum pervenerint ; nam in profundissimis puteis gravia tardiori impetu majorique tempore à suprema margine ad ipsa fundamenta decidunt, quàm pari intervallo ab aëris supremo loco ad terræ superficiem, ob eamque causam minus visi sunt periclitari qui ad tricesimam venam in puteum siccum delapsi sunt, quàm qui supra terram ad primam. Hæc & multa exempla & experimenta refert ad hoc Guillermus Gilbertus lib. 10. Phisiologico nom. cap. 21. *Iournal des voyges de Motonis en son voyge d'Angleterre* pages 26 & 27. *Duhamel.* lib. 2. de corporum affectionib. c. 10. p. 532. & Fr. Baco in silva silvarum centur. 1. n. 33 experimentum spectamus dimi-

nutionem naturalis motus gravitatis in magna distantia, & quadam terræ profunditate, constans multorum assertio est obvio firmata experimento, posse in fundo cuniculi massam metalli crudi moveri, & provolvi opera duorum, quæ translata in terræ superficiẹ, junctas ad minimum sex hominum vires requirat ut loco dimoveatur suo.

Mr. de Montconis en son voyage d'Angleterre, pag. 26. & 27. experience faite en l'Academie de Greßin ; les corps qu'on pesoit en l'air ayant été pesés dans un puits tres-profond, s'étoient trouvés moins pesans d'une seizieme qv'ils n'avoient fait en haut M. Untzerus de sale cap. 8. Sal fossile in subterraneis locis longé lenius est, quàm extractum in aëre, adeo ut ingentes illius massæ, quæ nullo cum labore hincinde pro arbitrio in specub. propelluntur, quæ statim atque simul aërem sentire incipiunt, in extrahendo graviores redduntur. Kircher. tom. 1. lib. 6. sect. 4. Sal ammoniacus intra suos specus levissimus existit, in lucē verò prolatus gravissimus est, *pergit D. Guiller. dicto loco :* Novimus plures, quorum alii simul cum equis illæsi equitari, alii pedites tamquam ad inferos delapsi vivi, tamen & salvi educti sunt, neque sustineri illos ab aëre crassiori vel compresso hoc tantum accidere potest, nam & plumbeas sæpè glandes, qui facile aërem quemvis permeantè, manu demissos tardius etiam ad fundum penetrare observavimus.

C'est par la même raison que les Plongeurs qui cherchent les perles & les pertes des naufrages dans le fond des Mers, trouvent d'autant plus de difficulté d'y parvenir qu'ils descendent plus bas.

Nonobstant que les corps de ces Plongeurs soient appesantis par le plus grand poids des eaux superieures, par lequel tout l'air de leur poitrine avec toutes leurs humeurs est comprimé & agravé.

Ils sont obligés de se charger de quelques corps solides & pesans, dont l'atmotsphere soit dans ces endroits plus conforme en vitesse, force & maniere de mouvement, à celui du principe superieur qui cause la gravité, que ne l'est en ces mêmes endroits l'Atmotsphere des corps moins solides & plus rares au principe qui vient des lieux inferieurs.

Cet effet ne peut pas être attribué à une densité des eaux plus grande au fonds qu'au deſſus, puiſqu'au contraire y étant ordinairement plus douces & moins ſalées qu'ailleurs, elles y ſont conſequemment plus rares & moins peſantes.

Les relations de pluſieurs Obſervateurs nous font même connoître que les forces de cette même faculté qui porte les corps de bas en haut, inſuffiſantes pour élever les pierres & les métaux au deſſus du fond des Mers, ſuffiſent neanmoins pour élever juſques à leur ſuperficie, les eaux les plus ſalées pour les y retenir, quoi qu'elles ſoient plus peſantes que toutes les autres eaux, par le moyen des ſalures qu'elles ont contractées.

Cet effet ne peut être referé à la chaleur du Soleil plus grande au deſſus qu'au deſſous des eaux, parceque les Mers Septentrionales ſont, ſuivant toutes les obſervations, autant & plus ſalées que les Meridionales. *

Ces differences de poids ſuivant leſquelles les impreſſions de ces facultés contraires, prévalent les unes aux autres dans ces differentes circonſtances, nous demontrent que celle qui vient du centre prévaut ſur les corps à celle qui vient d'en haut, juſques au point auquel l'Atmotſphere dans lequel elle reſide, a retenu depuis ſon progrés du centre des degrés de force ou de qualités, capables de regir l'Atmotſphere de ces corps.

Juſques à ce point les mouvemens & les qualités des Atmotſpheres des corps affec

* *Moriſotius* in orbe maritimo lib. 2. c.43. pag. 674. *Fabri* panchimicum, p.442:

tez par cette faculté conviennent à ses impreſſions par des proportions plus prochaines ou plus étroites qu'ils ne peuvent convenir avec les impreſſions de la faculté motrice qui vient d'en haut.

Par le moyen de ces proportions plus prochaines & plus étroites, les Atmotſpheres de ces corps contractent & gardent plus d'union avec l'Atmotſphere de cette faculté motrice centrale, qu'avec celui de la faculté motrice qui procede des lieux ſuperieurs.

Les convenances requiſes des proportions de la mobilité du mobile aux impreſſions du moteur, ſe reconnoiſſent dans les impulſions faites à un corps rare, & leger comme la plume du ventre d'une Oye ou d'un Canard.

Ces corps à l'Atmotſphere deſquels celui de l'air qui les environne eſt plus adherant, & plus uni qu'il ne l'eſt à celui des corps plus ſolides, ſont facilement mus d'un mouvement lent & foible, & reſiſtent abſolument au mouvement vîte & violent, procedant de quelque forte impreſſion.

C'eſt par de telles raiſons & par de pareilles convenances que pluſieurs globules differens en denſité, & en poids mis dans une cuvette pleine d'une eau qui circule, ſe joignent, & s'attachent enfin enſemble, ou ſe ſeparent les uns des autres ſuivant l'égalité, les proportions ou l'inégalité de leur ſolidité & de leur peſanteur.

On reconnoît les mêmes effets des proportions

portions & des difproportions des impreffions & des mouvemens dans une affez
grande riviere, dont les eaux meües lentement, entrent dans un grand fleuve;
ainfi qu'il fe fait à Lyon à l'entrée de la
Saone dans le Rhône.

Les eaux de cette riviere coulent lentement dans le lit du Rhône l'efpace d'un
quart de lieue unies enfemble avant que de
pouvoir fe mêler avec celles du Rhône.

La diminution du poids de l'air élevé
fur la fuperficie du Globe terreftre, lorfque
les matieres vaporeufes pouffées en haut
alterent fes difpofitions, demontrent comme les precedentes obfervations, l'effet des
proportions de ces matieres & de celles de
cet élement devenuës plus prochaines de
celles des impreffions de la faculté motrice inferieure, & plus éloignées de celles
de la faculté motrice fuperieure, qu'elles ne
l'étoient auparavant ; par ce changement la
faculté motrice inferieure prevaut mieux
qu'auparavant à la fuperieure.

La pierre d'Aiman pourvûë ainfi que la
terre dans chacun de fes Poles de deux facultés motrices opposées, l'une attractive,
ou impulfive, & l'autre expulfive; & laquelle par cette raifon eft eftimée un petit
Globe terreftre * par ceux qui ont traitté
de fa nature, nous fournit deux experiences fingulieres confirmatives des proportions requifes entre les moteurs & les mobiles, & de la converfion des mouvemens

* Il fera de-
montré en fon
lieu, que cette
comparaifon de
la pierre d'Ai-
man au Globe
terreftre, re-

des mobiles par le changement de ces proportions.

Une de ces experiences est rapportée par
divers Autheurs dans leurs Arts ou Philo-
sophies magnetiques ; sçavoir par Gilbert
lib. 2. c. 4. par Cabes lib. 4. c. 17. & par
Kircher lib. 1. part. 2. Paradox. 3. theoreme 27.

Cette experience consiste en ce que met-
tant un petit fer aimanté entre deux aimans
ou entre deux corps magnetiques separés
par un mediocre intervale , dont l'un surpasse de beaucoup l'autre en grosseur & en
force , ce petit fer est poussé du Pole prochain du plus grand & plus fort Aiman au
Pole prochain du moins grand & moins fort.

Ces divers Autheurs donnent des differentes raisons de cet effet , mais l'observation jointe à cette experience de la disposition & arrangement de la limure d'acier sur
un carton posé au dessus de ces Aimans en
découvre la veritable cause.

Cette cause consiste en ce que les émanations magnetiques du plus fort Aiman
qui viennent (lorsqu'il ne se rencontre aucun autre Aiman dans leur Sphere d'activité) par la circulation de celles du Pole
opposé à celui auquel le petit fer est contigu , dans celui auquel ce petit fer est attaché , r'entrans dans l'Aiman par ce Pole
y poussent consequemment ce petit fer.

Mais lorsque l'on met un petit Aiman
dans la Sphere d'activité du plus grand &

du plus fort , les émanations du plus fort
qui rentroient par le Pole , auquel le petit
fer étoit adherant , ne r'entrant plus im-
mediatement par le même Pole , mais s'é-
cartant plus loin pour embraſſer dans leur
circuit le petit Aiman , ceſſent conſequemment de pouſſer le petit fer qui eſt entre
deux au Pole auquel il étoit attaché.

Au moyen de la diverſion de ces émanations , celles que leur ſortie de ce même
Pole rend expulſives , prévalans à celles
qui y entroient , pouſſent ce petit fer vers
le petit Aiman.

* C'eſt de la même manière que les exhalaiſons ou vapeurs qui montent en l'air
dans les tems venteux ou pluvieux , prévalans davantage que dans les tems ſereins
aux émanations des principes de la gravité,
pouſſans plus fortement l'air au côté des
regions ſuperieures , en diminuent le poids
& la preſſion qu'il faiſoit ſur les regions
inferieures.

C'eſt par une pareille raiſon que les exhalaiſons & les vapeurs qui s'élevent du
fond des mers à ſa ſuperficie , fortifiant juſqu'à un certain point les émanations de la
faculté motrice centrale , & les faiſans
prévaloir dans les eaux à celles des principes de la gravité, y élevent au plus haut
les eaux les plus ſalées, dont la denſité les
rend plus ſuſceptibles de leurs émanations,
& dont le poids rend leur mobilité plus
proportionnée à leurs impreſſions.

Mais ſi au lieu de ce petit fer , on met

entre ces deux aimans un autre fer plus capable par sa grosseur & par son poids, d'arrêter & de recueillir les émanations qui sortent de l'autre Pole, & qui les empêche ainsi de s'écarter pour enveloper le petit Aiman. Ce fer ou acier plus gros & plus pesant ne se separera point alors du Pole du gros Aiman, & il y demeurera toûjours adherant.

Les Plongeurs qui descendent au fond des mers les plus profondes, se trouvent de même que ces fers entre deux facultés motrices contraires ; lorsque le poids de leur corps se trouve auprés du fond proportionné aux impressions qui viennent du côté du centre.

Alors étant poussés en haut par ces impressions ils ne peuvent pas descendre plus bas : mais si cette proportion est ôtée par le moyen d'un plus grand poids du fer ou du plomb dont ils se chargent, dont la densité est plus capable de recevoir & de recueillir les impressions des principes de la gravité, ils peuvent alors descendre jusques au fonds.

L'autre experience confirmative des proportions requises entre la force des moteurs & la mobilité des mobiles est rapportée dans le recueil fait par Monsieur Puget, de ses experiences magnetiques, & dans l'explication de sa machine en ces termes.

L'Aiman treiziéme mis sur l'eau dans une petite gondole, l'un de ses Poles tourné en haut, s'éloigne & s'enfuit comme

fait tout autre Aiman , lorſqu'on approche de ce Pole , le Pole de même nom d'u-
ne ſemblable pierre ; mais ſi on l'en approche fort prés au lieu de fuïr comme il
faiſoit , il la ſuivra , pourveu qu'elle ſoit
forte. Si on éloigne un peu davantage cette
derniere , l'autre commence à fuïr comme
la premiere fois , tellement que par un effet
aſſez ſurprenant , un ſeul & même Pole de
l'Aiman qui flote , pourſuit ou fuit le même Pole d'un autre Aiman qu'on lui preſente , ſelon qu'on l'en approche plus ou
moins.

Cet effet ne ſçauroit être attribué qu'aux
diverſes proportions des impreſſions des
deux differentes facultés motrices de l'Aiman ſuperieur qui eſt le moteur , dont l'u-
ne eſt impulſive , & l'autre expulſive , aux
diſpoſitions de l'Aiman inferieur qui eſt le
mobile.

Ces impreſſions de ces deux facultés
contraires , prévalent alternativement l'une
à l'autre par le moyen des changemens que
les differentes ſituations & diſpoſitions de
ces Aimans , mettent entre les impreſſions
de l'un & la ſuſceptibilité ou mobilité de
l'autre.

Mais cette vertu qui diminuë plus ou
moins la gravité de l'air comme celle des
autres corps ſuivant la plus ou moins
grande convenance des Atmoſpheres , &
ſuivant la plus ou moins grande hauteur ou
profondeur des lieux , ne la lui ôte pas entierement.

C iij

* Quoique le corps de l'air plus grossier dans les lieux profonds soit en cette situation reduit par cette vertu motrice inferieure à une moindre gravité que celle qu'il auroit, s'il étoit dans un lieu plus élevé ; neanmoins celle qui lui reste depuis l'entrée ou ouverture du terrein jusques au fond de la concavité où il se rencontre, jointe à celle de la colonne d'air qui est au dessus, doit faire plus d'impression sur la liqueur d'un barometre, que si on l'avoit laissée dans la plaine, ou porté sur la hauteur d'une montagne, sur lesquelles les gravités de ces deux differentes parties ne concourroient pas à un même effet.

Ces reflexions levent tous les doutes qui pourroient naître des observations de plusieurs personnes sur les niveaux, & les mouvemens de la liqueur du Barometre differens suivant les diverses hauteurs des lieux.

Les observations de l'augmentation des effets de cette faculté qui pousse tous les corps du centre à la circonference, suivant qu'elle est plus proche du centre où elle a son principe, donnent les moyens de juger sainement de la grandeur de ceux qu'elle produit dans les lieux jusques ausquels les hommes n'ont jamais pû descendre par la proportion qu'ils doivent avoir dans leur augmentation à celle de la force de leur cause.

Par les proportions des effets aux forces de leurs causes, il est aisé de tirer de la proportion des concavités découvertes par nos sens, dont la cause a été montrée dans cette puissance centrale, la consequence de l'immensité de celle où l'on n'a jamais penetré.

* L'étenduë & la profondeur de plusieurs concavités découvertes par les hommes étant si grandes que l'on n'a jamais sçû trouver les bornes qui les terminent ; il est d'une consequence incontestable que les concavités inferieures à celles-là sont d'une étenduë & d'une profondeur encor beaucoup plus grandes, & qu'enfin il y en doit avoir dans la plus grande profondeur de la terre, qui est d'environ quatre mille lieues jusqu'à son centre, une qui surpasse toutes les autres, laquelle regne tout autour du centre.

* Ælian.lib.6. cap.16.Feneca lib. 3. Natur. cap. 16. Gasp. Sehor.in Anatomia hydrostatica lib.c.5. & 6. Kircher in mundo sub. terr.tom.1.l.2. cap.19. Joan.Herbinii dissertationes de cataractis, cap.8.& 9. Simon Majol. dies caniculares,colloq. 15. de antris & hiatib.& Baccius de thermis,lib.10. cap.2. & alii. Georg. Agricola de causis subterraneorum. lib.1.p.27.30. & 39 p.40. & de natura eorum quæ effluuntur,lib. 40.pag.152.

Idem. Gaspard Sehor. secundùm Platonem eod.lib.c.6.Herbin.& Majol. loc. citatis & alii.

Idem. Georg. Agricola natura eorum quæ effluunt ex terra. pag.432 449. 450.

ARTICLE VII.

Des signes tirés des mouvemens extraordinaires, sçavoir, des tremblemens de terre.

LEs tremblemens de terre que les Historiens des divers tems & les relations des divers lieux nous apprennent ; l'étenduë & les longs cours des matieres qui

Georg. Agricola de causis subterr. lib. 2. pag.28. Thomæ Ittigii lucubrationes de montium incendiis.sect. 4. cap. 10. de terræ motu §. 14.Baccius lib 4·de Thermis, cap 5.

Vincent.CæfarisCruciIVefuvius ardens, lib.1.c.13. de meteoris & terræ motu.

Item. Conrad. Lycosten. de prodigiis & ostentis , & alii ; Dydimus in catena super

ont causé les tremblemens que l'on a souffert en même tems depuis l'une des extrémités des grandes mers , au delà de l'extrémité opposée , dont suivant les histoires des tems & les relations des lieux , aucune Contrée ni aucune des parties de la circonference de la terre n'a été exempte, & qui ont été quelques fois en même tems ébranlées , font autant de preuves convaincantes de ces diverses concavités soûterraines & des demonstrations de cette concavité generale & universelle.

Job.cap.9.de iis , inquit , qui ante vel post Christum extiterunt partem quamdam terræ occupaverunt, mei autem Christi tempore non privatus fuit aliquis terræ motus sed tota ipsa terra conquassata & centro convulsa. Credibile igitur videtur hujus motus principium in ipso extitisse inferno. *Et plusieurs autres Autheurs celebres cy après cités.*

C'est dans ce grand vuide que reside le principe de cette faculté motrice qui procede du centre , laquelle repousse à la circonference tout ce que la gravité pousse au centre, de laquelle concurrence & balancement de force & impulsions contraires naissent la proportion & l'équilibre qui maintiennent , soûriennent & suspendent toutes les parties de la convexité exterieure de ce Monde Sublunaire dans leur situation ordinaire.

C'est de l'alteration de cet équilibre plus ou moins grande par des causes accidentelles * plus ou moins fortes , que naissent ces divers tremblemens de terre , par aucuns desquels des regions entieres ont été souvent ébranlées, des Provinces couvertes de Lacs, des grands pays submergés par des déluges, des grandes plaines élevées en hautes montagnes, & des montagnes enfoncées en de profonds valons. Et c'est par le grand nombre de pareils accidens arrivés dans la succession des divers siecles, que toutes les parties de ce Globe terrestre ont souffert plusieurs alterations & divers changemens, suivant les témoignages d'une infinité d'Autheurs rapportés à la fin de ce Traité.

de l'ordre, de la situation, proportion, & mouvemens naturels des élemens, pour le recouvrement desquels défauts les tremblemens & tous les accidens qui les accompagnent se font & durent jusques à ce qu'ils soient separés.

Licetus, in hydrologia, pag. 101. 102. 103. de fluitantib. terris terras absorptas, insulas scandentes, novos fontes, navis inventa sub terra, &c. usque ad, pag. 105. Julii Solini polihistor. cap 44. Voyages des Indes de Mandeslo, pag. 5. 8. Suitte des Memoires de Mr. Bernier, pag. 123 3. pars Indiæ orientalis impressa apud Theodorum Debri, cap. 6. & seq. Plinius, lib. 2. cap. 79. 80. 81. Baccius de Thermis. plurimis locis. G. Agricola de causis & ortu subterraneorum, lib. 2. pag. 30. Kircher. in mundo subterraneor. &c. La lettre de l'Autheur de ce Traité sur les nouvelles decouvertes de la situation de tous les élemens, pag. 36. imprimée en 1702. à Paris chez Thomas Moette, & l'Histoire de l'Academie Royale des Sciences de l'année 1704. imprimée à Paris chez Iean Boudot, pag. 8. 9. & 10. où l'on trouve la relation des tremblemens de terre, qui durerent en Italie depuis le mois d'Octobre 1702. jusqu'au mois de Iuillet 1703. le rapport des relations de tous ces Autheurs, sur les diverses matieres expulsées par les grandes ouvertures des terres qui se font des tems de ces tremblemens, confirme demonstrativement l'ordre de la situation des matieres élementaires dans le Globe terrestre par celui de leurs sorties, les superieures plus terrestres étant les premieres expulsées, & ensuite les eaux inferieures, lesquelles extrusions ne sçauroient proceder que des impulsions d'un agent violent inferieur aux unes, & aux autres de ces matieres, tel qu'est le feu qui les accompagne par ses flames & par ses fumées.

La superficie interieure de cette concavité generale reçoit plus ou moins d'impression de cette faculté motrice qui provient du centre; suivant les diverses dispositions des matieres dont elle est composée; & suivant la plus ou moins grande compression des parties superieures qui sont entre elle & la superficie exterieure du

Globe ; & cette même faculté motrice ré-
pouſſe plus ou moins les matieres enfoncées
dans les concavitez particulieres & dans la
concavité generale, ſuivant la plus ou moins
grande reſiſtance qu'elles font par leur diſpoſition ou par les impreſſions contraires
qu'elles reçoivent.

Ces impreſſions leur font communiquées
par les parties ſuperieures qui s'étendent
depuis la ſuperficie du Globe élementaire
juſques à la ſuperficie exterieure du Globe
terreſtre, où elles ſont pouſſées par leur gravité.

La commune proprieté de la gravité &
de l'impetuoſité de faire ou de pouvoir faire
ſur les corps des impreſſions plus ou moins
fortes, ſuivant & à proportion de leur ſolidité & de leur groſſeur , fait voir la convenance de leur nature.

L'une & l'autre de ces facultez font du
même genre que les autres qualitez, telles
que la lumiere & la chaleur , leurs forces
font pareillement limitées , elles s'affoiblis-
ſent & ſe conſomment plus ou moins, &
font prolongées à une plus ou moins grande diſtance ſuivant la plus ou moins convenable diſpoſition & la plus ou moins grande
reſiſtance des milieux de leurs progrez ,
comme auſſi ſuivant la plus ou moins forte
compaction & autres diſpoſitions des ſujets
& ſuivant que les voyes par leſquelles elles
paſſent juſques à eux , font plus ou moins
libres ou plus ou moins droites, ou obliques , élargies ou reſſerrées.

C'eſt par des pareilles cauſes que les maſſes de ces mineraux peſent beaucoup plus à l'inſtant qu'on les aporte hors de leurs Mines, qu'elles ne peſent dans leurs fonds, même dans les lieux les plus ſecs dont elles n'ont pû contracter aucune humidité ni conſequemment aucun poids.

Le retranchement de la vertu de l'aiman qui eſt une petite terre par l'interpoſition du fer fournit un exemple ſpecieux confirmatif de ces veritez.

De ces differences & deux oppoſitions des circonſtances d'impreſſions & de reſiſtances, naiſſent dans les ſuperficies interieures de ces concavitez, des inegalitez & enfoncemens du côté de la circonference interieure du Globe, & en élevations du côté du centre pareilles à celles des hauteurs, élevations & dépreſſions de la ſuperficie exterieure.

Ces enfoncemens ſont d'autant plus grands que la force d'impreſſion qui vient du bas prevaut à celle qui vient du haut, & les rehauſſemens ſont d'autant plus aprochants du centre que l'impreſſion qui vient du haut prevaut à celle qui vient d'en bas.

Puiſque les mêmes effets de la force dont la faculté motrice qui vient du centre prevaut à celles de la circonference, ſe rencontrent dans les montagnes de l'exterieur & dans les enfoncemens de l'interieur du Globe, les plus grands enfoncemens ſe doivent rencontrer ſous les plus hautes montagnes.

Kircher in mundo ſubterr. tom. 1. lib. 6. ſect. 4. pag. 324. Mathiæ Untzeri Phiſiologia ſalis, cap. 80. pag. 30 Bacon & Gilbert locis citatis.

L'égalité de superficie des plaines venant du balancement & égalité des impressions contraires, demontre la même égalité dans la superficie de la concavité interieure supposée aux plaines exterieures.

Et les efforts par lesquels la faculté motrice qui vient de la circonference a abaissé les valons étant les causes des accez de la superficie de la concavité interieure au côté du centre, marquent les endroits & les proportions de ces accez.

A R T I C L E   V I I I.

Des signes tirés des corps qui entrent ou qui demeurent au dedans du Globe terrestre.

Georg. Agricóla de natura eorum quæ effluunt ex terra, plurimis locis, lib 1. 2. 3. & 4.

CEtte faculté qui repousse les corps du centre à la circonference exerçant son action sur eux en la même maniere & en la même proportion que la gravité qui les porte de la circonference au centre, les répousse de même dans les Regions du Globe, dans lesquelles elle domine, & les écarte d'autant plus du centre où est son principe qu'ils luy font plus de resistance par leur densité & par leur solidité.

Il s'ensuit que dans la diversité des élemens ou des autres corps qui remplissent les grands vuides de ces concavités, dans lesquelles cette faculté domine, tout ce qu'il y a de plus pesant, comme la terre & autres corps solides, est le plus poussé en haut au côté de la circonference interieure, l'eau enfuite eft plus pouffée au même côté que l'air, & l'air plus que le feu.

Par cette proportion des forces de l'impulfion à celles de la refiftance ; l'ordre de la fituation des élemens eft renversé dans cette plus profonde concavité ; en forte que le plus leger occupe le plus proche lieu du centre, & le plus denfe ou plus folide en remplit les lieux les plus éloignés.

C'eft ce que nous ont enfeigné Platon & Pytagore & autres Autheurs du même poids, * dont les termes feront cy-aprés referés, & comme nous l'apprennent les Textes formels de l'Ecriture Pfal.135. qui portent expreffement que Dieu a affermi la terre fur les eaux, que tout le Globe de la terre a été fondé & conftruit fur les mers & fur les fleuves foûterrains, & qu'il a fufpendu par fa parole la terre fur les eaux.

* Plato fub finem, lib.29. cui titulus Phædo vel de anima, ubi de tartaro five barathro unus (inquit) ex terræ hyatib. eft profecto quàm maximus perque univerfam terram trajectus & patens, &c.

Georgius Agricola, de ortu & caufis fubterr. lib.2. pag.26. & 27. terra plena aquarum ut Seneca, Thales, Plutarch, Democrit. ex Senec. amnis aliquis fubterr. aut mare reconditum.

Pfalm.135. qui firmavit terram fuper aquas.

Et Pfalm.23. domini eft terra & plenitudo ejus, orbis terrarum quia ipfe fuper materia fundavit eum, & fuper flumina præparavit eum.

Efdras 4. cap.16. qui fufpendit terram fuper aquas verbo fuo.

Georgius Agricola lib.3. de ortu & caufis fubterraneorum, p.37. cavernæ quibus maria fuftinentur, & de natura eorum quæ effluunt ex terra, lib.2. de gravib. innatantibus fuper aquas & infulis natantib. pag. 124. 125. & lib. 4. p 152. & 153. caverna per quam mare curfu magno, fonituque fertur. HOMERUS (ut Plato refert, fub finem 29. in hunc hyatum) feu tartarum omnia confluunt flumina atque inde rurfus effluunt, idemque facit aër, & fpiritus. Quib. verbis Homerus & Plato, Salomonis documenta fequuti funt, dicentis Ecclefiaftis, c. 1. luftrans univerfa, in circuitu pergit fpiritus & in circulos fuos revertitur, omnia flumina intrant in mare, & mare non redundat, ad locum unde exeunt flumina revertuntur ut iterum fluant.

Plato dicto loco: Hæc autem omnia furfum deorfumque ferri veluti vafe penfili quod in terra pofito, atque librato ut utrimque viciffim inclinet

atque attollat. Hiſtoire de l'Academie Royale des Sciences, de l'année 1703.
2. Partie des p. 292. 293. 294. & 295. où ſont rapportées pluſieurs obſervations
des differentes longueurs des Pendules, dans les differens païs. ſuivant les plus
grands ou moindres éloignemens de la ligne Equinoxiale. par leſquelles obſerva-
tions il s'agit de demontrer ſi les corps tombent plus lentement ſous l'Equinoxial
que par tout ailleurs, & s'ils tombent plus vite à proportion qu'on s'approche
plus des Poles ; ainſi que le pretendent Meſſieurs Mariotte & Huguenes, dont
la cauſe eſt demontrée & referée dans la lettre de cet Autheur, ſur la ſituda-
tion de tous les élemens, imprimée en 1702. à la plus grande expanſion de la
chaleur qui procede du centre, dans les païs Meridionaux. par laquelle les
impreſſions de la faculté motrice qui procede du centre, ſont plus renforcées que
dans les endroits ou climats Septentrionaux, ce qui paroit confirmé par l'hiſtoi-
re de l'année 1700. de la même Academie p. 114 & 115. où pluſieurs pareilles
obſervations des differentes longueurs des pendules, ſuivant la diverſité des cli-
mats ſont rapportées, & où il eſt conclu qu'un même poids tombe plus lente-
ment vers l'équateur, & que ſa peſanteur y eſt moindre. ce qui eſt fort impor-
tant pour le ſyſtême de la peſanteur, & n'eût pas été deviné par raiſonnement,
& ſubſequemment, p. 116. l'inégalité de la pendule ſera la même que celle de
l'action de la force centrale de la matiere éthérée : dont ce qui eſt dit paroit la
même choſe (quoiqu'en d'autres termes) que ce qui eſt affirmé dans la lettre cy-
devant mentionnée, de la ſituation des élemens ; de la faculté motrice centrale,
& du feu central : dont l'ancien manuſcrit de l'Autheur fut imprimé une an-
née avant cette Hiſtoire de l'année 1700.

Ces autorités & autres rapportées dans la continuation de ce Traitté, ne peuvent être vrai-ſemblablement tournées en aucun autre ſens qu'à celui dans lequel tombe ce ſyſtême.

Les corps les plus peſans étans pouſſés par ces deux facultés contraires aux côtés oppoſés, ſe rencontrent dans les endroits dans leſquels elles concourent d'une égale force.

Ces endroits dans leſquels leurs forces ſont également balancées, ne ſont pas d'une égale hauteur, ni d'une égale profondeur ; parce que ſelon que la vertu de l'une ou de l'autre de ces facultés eſt renforcée par la réünion ou reſtriction de ſes forces dans un lieu plus ſerré, ou qu'elle eſt affoiblie par leur extention ou par leur

épanchemens dans des lieux plus vaſtes avec
le concours de quelques autres circonſtances obſervées dans la ſuite , elles étendent
& pouſſent leurs actions plus ou moins
loin , & prévalent l'une à l'autre dans une
plus ou moins grande diſtance de leur
principe.

C'eſt par ces circonſtances & par ces
moyens que la faculté qui pouſſe les corps
d'haut en bas , les peut faire deſcendre juſques aux plus profondes concavités , & que
celle qui les pouſſe de bas en haut les peut
faire monter juſqu'au ſommet des plus hautes montagnes , comme il eſt montré plus
amplement dans le Chapitre ſuivant , dans
lequel il eſt traité des ſignes de la diſpoſition , ſituation & mouvement de toutes les
eaux.

CHAPITRE III.

Des ſignes de la conſtitution interieure du Globe terreſtre tirés des acci- dens des eaux.

LEs ſignes de la conſtitution , diſpoſitions & mouvemens des eaux ſoûterraines qui font partie du Globe élementaire
paroiſſent dans les mers , dans les lacs &
dans les ſources des fontaines & des fleuves,

Ces signes dans les mers consistent.

I, Dans leur temperature jusqu'à la profondeur de leur fond, & dans les qualités de leur substance.

II. Dans l'égalité ou l'inégalité du niveau qu'elles gardent dans leur superficie & dans celle de leur lit ou de leur fond.

III. Dans les differences du poid de leurs parties, suivant leurs differentes situations.

IV. Dans la diversité de leurs mouvemens ordinaires.

V. Dans leurs mouvemens extraordinaires, & dans toutes circonstances de ces mouvemens.

VI. Dans les gouffres par lesquels des eaux immenses entrent au dedans, & sortent au dehors des lieux soûterrains ; & dans leurs principes & dans ceux des autres mouvemens des mers.

VII. Dans les flux & reflux des mers dans leur origine, & dans celle des sources.

ARTICLE I.

Des signes tirés des mers.

LEs qualités élementaires de la superficie des mers sont ordinairement comme celles des terres conformes à celles de la superficie de l'air contigu ; & celles de leur

leur profondeur font conformes à celles des
exhalaifons qui les penetrent ou à celles
des terres inferieures.

Les Plongeurs qui décendent au fonds des
mers pour la recherche des perles ou des
débris des nauffrages, y trouvent au fort
des chaleurs d'autant plus de froideur qu'ils
parviennent à une plus grande profondeur,
excepté dans les tems & dans les lieux
dans lefquels leur tempérament eft alteré
par la penetration & domination des exhalaifons qui procedent de la region terreftre
qui leur eft inferieure.

De la falure des mers.

Elles contractent leur falure univerfelle
dans la communication reciproque qu'elles ont avec les regions inferieures de la
terre, dans laquelle le fel compofé d'un
efprit ignée refferré par le froid exterieur
d'une matiere terreftre, incorporé dans une
humidité temperée, eft continuellement formé par la concurrence de la chaleur étrangere qui vient d'en bas, avec la froideur
naturelle des deux autres élemens contigus, & eft continuellement diffous par
la penetration & mélange des eaux.

Les eaux appefanties par la folution &
incorporation de ce fel font d'autant plus
pouffées à la fuperficie qu'elles en font
plus impregnées par l'impreffion qui vient
du deffous cy-devant expliquée.

D

Boyle. de tem-
perie fubma-
rinarum Re-
gionum, cap. 4
& 5.

*Theophra-
fu.* de ventis
textu 41. & 60
mare per hye-
mem calidum,
per æftatem
verò frigidum,

Kircher. mund.
fubterr. tom. 1.
lib. 3. c, 3. co-
roll. 3. & c. 4.
hinc in Iflan-
dia falfiffimū
mare effe te-
tantur hifto-
riæ nauticæ à
radicib. mon-
tis Hecla ig-
nivomi, eadē
ratione totus
Oceanus Se-
ptentrionalis
qui & glacia-
lis, falfiffimus
eft. *Marifotus*
in orbe mari-
timo lib. 20. c.
43. p. 674. *Fa-
bri*. panchimi-
cum pag. 442.
mare antarcti.
cū fummope-
rè falfum.

L'amertume des eaux marines.

L'amertume des eaux marines pareillement contractée dans la profondeur des
terres où elles penetrent par leurs poids, &
dont elles font enfuite repouffées par la
vertu expulfive qui procede des lieux plus
bas, eft un effet de la même chaleur inferieure, & nullement de celle du Soleil,
non plus que leur falure, puifque cette
qualité fe rencontre au même degré dans
les mers des climats les plus froids que
dans celles des plus chauds.

La qualité huileuſe des eaux marines.

La qualité huileufe mêlée dans la plûpart
des eaux marines, marque un efprit ignée
refferré dans une fubftance aërienne ou
Etherée par un froid aqueux ou terreftre.

* La lumiere & les étincelles de feu que
les chofes des flotes dans l'agitation des
tempêtes font paroître és tems obfcurs au
deffus de la fuperficie des mers, & ces exhalaifons enflammées, ramaffées au haut des
mâts des Vaiffeaux, aprés ces tempêtes,
font les mêmes demonftrations des efprits
ignées, contractés par les eaux marines
dans les lieux inferieurs, & enfuite expri-
més par la violence de leurs mouvemens.

Leur réünion & leur affemblage ont
fouvent allumé de grands feux, & produit
de groffes flames élevées du fonds qu'elles

** Voyage des
Irdes de Man-
diflo, liv. 3. p.
549.
Voyage de
Siam des R P.
lefuites, p. 52.
53. & 54.*

ont penetré de ces mers , & qu'elles ont répandus au dessus de leur superficie.

ARTICLE II.

Des signes tirez de l'inégalité du fond des mers.

LEs plaines ou égalité de superficie qui se trouve dans le fond de quelques mers, marquent dans ces endroits l'égalité des forces & l'uniformité des dispositions des terres dans lesquelles ces deux facultez contraires se sont rencontrées ; & les grandes inégalitez de plusieurs mers en profondeur, concavitez & élevations distinguées par la diverse longueur des cordages des ancres, donnent de même que l'inegalité des terres des païs élevez au dessus des mers, la connoissance du combat des facultez motrices contraires , qui ont plus ou moins élevé ou abaissé les terres contigues aux eaux, suivant que la force de l'une a plus ou moins prevalu à la force de l'autre selon les diverses disproportions des lieux.

Boilé & Kircher , relationes de mundo marino.

Consequences tirées des inégalitez.

Ces plus grandes élevations dans le fonds des mers marquent consequemment les plus grands enfoncemens dans les concavitez inferieures , & les plus grandes depressions des fonds marquent les plus grands

Kirch. mund. subl. tom. 1. l. 3 ch. 4. p. 165. descript. Indiæ occident. de Laet. l. p. 1. c. 10. p. 12. Hist. naturelle

des Indes, de Iean Ioleus liv. 6 ch, 12. fol. 91. defcription de l'Amerique Septentrionale du fieur Denis to. 1. ch 7. pag 190. Baccius de Thermis l. 5. c. 2. Antigouhift. mirab pars. 9. Indiæ orientalis fub. imperio Petri Guillermi fol. 37. Majolis dies canic p. 189. nova defcrip. regni Africani. Philip. Pigofeftæ. fol. 8. 2 pars Indiæ Oriental. cap. 8. f 29.

Orbis maritimus Morifot. lib. 2. c. 33 p. l. 81. & l. 91, Joan. Herbin. de cataraˆtis, c. 9. Olaus Magnus de rebus feptentrion lib. 2. c. 40. *Sommaire des Indes Orient. de Dom P. Martyr.*

Hift. de la nouvelle France de l'Efcarbot, ch 12. Baechius de Thermis, lib. 1. c. 1. Olaus M. de reb. Septent, lib. 2. c. 2. orbis marit. Morifot. c. 45. p 180. &c.

Deus quando librabat fontes aquarum *Proverb* c. 8.

rehauffemens dans les concavitez des endroits inferieurs les fources qui failliffent de quelques-uns de leurs fonds. L'abforption & eruption faites en grande abondance de leurs eaux par une multitude de gouffres dont les defcriptions feront faites dans la fuite, & les diverfes parties des mers & de quelques grands Lacs, dont les fonds font inexplorables, démontrent les communications continuelles des mers fuperieures avec les inferieures fuivant les difpofitions convenables & le jufte contrepoids defquelles ces deux facultez contraires les maintiennent enfemble dans un perpetuel équilibre.

C'eft dans ces enfoncemens de la fuperficie des concavitez inferieures que les eaux interieures pouffées par la force motrice qui vient du centre font neceffairement reduites.

Ces eaux forment par leur amas & par les écoulemens des fleuves foûterrains qui y prennent leur cours felon la difpofition & l'enfoncement de leurs lits moins éloignés du centre des mers, riviéres & fontaines foûterraines, égales à celles qui couvrent la partie exterieure du Globe terreftre.

Les fontaines & les ruiffeaux fe rendent

dans les riviéres & dans les fleuves ; par des penchans dont * les enfoncemens ont de pareilles proportions à ceux des riviéres & des fleuves, que ceux des riviéres & des fleuves à ceux des mers.

* Kircher tom. 1 1 2. cap. 15. mundi subterr. *Iournal des Sçavans du* 28. Jui 1566.

Gaudent. Merulæ memorabilia, lib. 3. c. 17. Seneca, lib 3 natur. quæft. c. 16. difputatio cabaliftica R. Ifraël filii R. Mofis traducta à Jofeph Voifin. nota ad cap. 1. p. 211. 317 Zoar. col 14 mare de mari Mich c. 1 mare erumpebat quafi de vulva procedens 106. cap. 38. Deuteronomii, c. 5. de iis quæ verfantur in aquis fub terra. Genefis, cap 2. fons afcendens de terra irrigans univerfam fuperficiem terræ.

Georg. Agricola, de caufis & ortu fubterr li b. 5. p 76 ex Albert. propriis motibus elementum aliud ab alio depellit, nam etfi aqua fua vi & pondere defcendat in inferiorem locum, afcendit tamen ex terra ut fuper ipfam natet, & terra contra defcendit. Homerus & Plato, locis citatis.

Les matieres qui forment les enfoncemens de cette concavité generale, imbues des impreffions de la faculté motrice qui vient du centre, prennent confequemment leur hauteur de leur plus grande proximité, & leur baffeffe de leur plus grande diftance du centre, au contraire de celles qui font la fuperficie exterieure dont la hauteur confifte dans le plus grand éloignement, & la baffeffe dans leur plus grande proximité du centre ; les montagnes, les plaines & les valées comparées à celles de l'exterieure du Globe terreftre y font dans un ordre & dans une fituation inverfe, les pointes & les fommets des montagnes font les parties de cette immenfe concavité les plus prochaines du centre, & les lits de ces mers inferieures en font plus éloignés que ne le font les plaines & les valées.

Les fontaines, les ruiffeaux, les rivié-

res , les fleuves & les mers de cette grande
concavité gardans les mêmes proportions
dans leur situation & dans leurs cours
à l'égard des montagnes , des plaines , des
valées & des lits des mers de cette concavité, que ceux qui coulent sur la superficie
exterieure du Globe terrestre, gardent avec
les montagnes , les plaines & les valons
de la même superficie , coulent necessairement dans une situation inverse & dans une
disposition entierement contraire à celle
de la superficie exterieure.

ARTICLE III.

Des signes tirez du poids des mers.

L'Alteration de l'effet de la gravité dans
le fonds & dans la superficie des mers
exterieures, a fourni au Chapitre precedent
des marques de l'impression qui lui est contraire; & le poids que fait l'étenduë & la profondeur de ces mers, par lequel elles ne sont
haussées ni abaissées au-dela d'un certain
terme , démontre la verité * d'un contre-
poids ou d'un autre principe de mouvement different de la gravité.

* Quãdo Deus librabat fontes aquarum, Pr. c. 8.

L'un de ces principes ou tous deux ensemble tiennent les eaux superieures portées au centre par leur gravité , suspenduës
sur les inferieures qui sont poussées par la
faculté motrice contraire aux concavitez de
la circonference qui les contiennent.

De la proportion que les mers superieures & inferieures gardent reciproquement.

Ces eaux de situations opposées se maintiennent dans cette suspension & gardent entre-elles dans leur quantité les mêmes proportions que leurs forces motrices gardent entre-elles par le moyen du passage continuel de la region des unes dans celles des autres de toute la quantité qui excede ces proportions reciproques.

Propheta Michæas. cap. 7. Audiant montes judicium Domini usque ad flumen & ad mare de mari.

Psal. 41. abyssus abyssum invocat, in voce cataractarum tuarum.

Philo judæus lib. antiquitatum Biblicarum: Aperti sunt omnes abyssi & fons magnus, &c.

Alibi, expergefacta est abyssus de venis suis, & omnes fluctus maris convenerunt in unum. Homerus & Plato loco Phædonis supra citato: omnia sursum, deorsum ferri veluti vase pensili quodam in terra posito atque ita librato ut utrimque vicissim inclinet atque attollat.

Sans ces communications toutes les terres élevées au dessus des mers seroient enfin submergées, par les grandes abondances des eaux que les fleuves leur apportent continuellement.

Ce passage continuel d'autant des eaux dans ces lieux inferieurs, démontre l'égalité des eaux inferieures aux superieures en profondeur & en étenduë, à celles des concavitez qui contiennent les unes aux concavitez qui contiennent les autres à l'égard de toutes les mers qui n'ont aucune autre impression que celles de ces deux facultez contraires, dont l'une pousse tous les corps au centre,& dont l'autre les pousse tous à la circonference.

Les differentes hauteurs des mers superieures dont la gravité fait prendre à quelques-uns leurs cours par des pentes & leur entrée par des détroits dans celles de la superficie est plus basse ; les impulsions que d'autres conçoivent par leurs agitations qui les conduisent par de pareils détroits à celles dont la superficie est plus élevée, ausquelles elles portent toutes les eaux qu'elles ont reçûës de l'afluence de plusieurs fleuves ; l'égale ou inégale quantité des eaux que ces mers dans lesquelles les autres se rendent, reçoivent continuellement par une pareille ou plus grande abondance de celles des fleuves qui s'y perdent, & l'impossibilité démontrée au Chapitre precedent de l'épuisement & du retour de toutes ces eaux aux lieux de leur origine par les vapeurs & par les pluyes, ôtent tout lieu de douter de la grandeur des concavitez soûterraines dans lesquelles la décharge continuelle des eaux de ces mers superieures, forme d'autres mers qui leur sont égales, & qui font par leur profondeur le contrepoids, par lequel le grand poids des superieures est balancé & maintenu dans un perpetuel équilibre.

Orbis terrarum dispositus in æquitate & justitia. Sap .c. 2.

De la mer Caspie & autres, & des consequences qui en font tirées confirmatives de la concavité generale qui environne la superficie interieure du Globe terrestre.

Autheurs cy devant citez & Joan. Zahn. in

La mer Caspie, & autres pareilles mers ou Lacs de grande étenduë, qui reçoivent continuellement des eaux immenſes par une pareille afluence de fleuves ſans que le niveau de leur eau en ſoit exhauſſé, & ſans qu'il y aye aucun détroit ni aucune ouverture apparente dans les terres qui les enferment, qui leur puiſſe donner iſſuë; démontrent la même verité de ces concavitez & de ces mers ſoûterraines neceſſaire à la décharge des eaux des ſuperieures.

Cette verité eſt miſe hors de conteſtation par les ſuites des accidens qui arriveroient, ſi ces mers fermées de toutes parts, ſe rendoient par des routes cachées dans l'Ocean ou dans d'autres mers ſuperieures, dans leſquelles elles ſe déchargeaſſent continuellement de leurs eaux en quantité pareille à celles qu'elles reçoivent.

L'abord de toutes les eaux qui affluent continuellement à ces mers clauſes & fermées, faiſant alors un ſurcroît à celles des grandes mers dans leſquelles elles ſe déchargeroient, joint aux affluences que ces plus grandes mers reçoivent continuellement des autres fleuves qui s'y perdent, & des moindres mers qui s'y rendent par des détroits avec toutes les eaux qu'elles ont d'ailleurs, rendroient encore mieux la ſubmerſion de toutes les terres inévitable.

Il faut donc neceſſairement que ces dernieres mers dans leſquelles ſe rendent les autres par de telles voyes occultes ou ouvertes, ayant leur entrée & leur décharge dans des concavitez ſoûterraines, capables de contenir toutes les eaux que les fleuves leur apportent , & celles qui affluent continuellement aux unes & aux autres de ces mers superieures.

C'eſt de cette affluence continuelle que reſulte la conſequence de l'égalité des mers ſoûterraines & de leurs concavitez , à celles de toutes les mers ſuperieures & de toutes leurs concavitez.

Pluſieurs endroits de ces mers & de ces lacs dont les fonds ſont inexplorables , & la multitude des gouffres terribles qu'on y rencontre qui abſorbent des eaux immenſes * ſuivant les Auteurs cy-devant citez , dont les Rélations ſeront raportées en la deuxiéme partie de ce Traité , donnent des démonſtrations viſibles de ces communications & de ces décharges des eaux des mers ſuperieures dans les concavitez des mers ſoûterraines ; & confirment la verité de la faculté motrice inferieure , neceſſaire à l'élevation des eaux de ces concavitez ſubmarines en quantité pareille à celle qu'elles en reçoivent , par les endroits dont les diſpoſitions cy-aprés expliquées la font prévaloir à la faculté motrice contraire.

Cette quantité des eaux eſt neceſſaire pour fournir à toutes les ſources & aux autres eaux qui afluent d'ailleurs dans les mers , & à toutes les matieres des vapeurs élevées dans tous les païs du monde par le concours des chaleurs ſoûterraines avec celles du ſoleil.

Les reſtitutions & compenſations qui ſe font par la détraction des eaux qui deſcen-

* Joan. Zahn. in ſpecula phiſico mathem· hiſtorica & apud eū Zeigler. pag. 138. referunt eſſe in Scandia inter tres inſulas Norvegiæ mare in quo aquæ ſorbentur accidente fluxu, & rejieiuntur refluxu. In ſinu maris Perſici haud diſſimilis ſpectatur vortex , item inter Angliam & Normaniã, quæ ibidem confirmantur per relationes fluxuũ , refluxuumque tractuum marinorum polo arctico vicinorum ſecundum teſtimonia nautarum.

dent des mers superieures, font contenir toutes ces eaux dans leurs bords, & rendent le niveau de leur superficie égal ou proportionné à celui de la superficie des autres.

C'est ce qui maintient réciproquement les unes avec les autres dans un perpetuel équilibre, par le moyen duquel la force impulsive qui vient du centre, tient la superficie des mers inferieures dans une pareille disposition sur l'air qui leur est inferieur, que la gravité tient la superficie des mers superieures sous l'air qui leur est superieur.

ARTICLE IV.

Des signes tirez des mouvemens des mers.

IL y a dans les mers une grande diversité de mouvemens, il y en a de generaux, de climatiques & de particuliers ; les uns font fixes & continuels, les autres sont changeans, variables ou intermettans ; les uns font saisonnaires & reglés, & les autres font casuels & sans aucune regle ; les uns font simples & les autres font composez ou dirigez par plusieurs reflexions, par les divers angles desquels ils sont convertis en des circulations, il y a aussi des calmes ordinaires à de grandes mers qui ne sont troublez que par les accidens des tems.

Les mouvemens des mers appellez generaux sont ceux qui regnent dans toute

Morisot, orbis marit. lib. 2. c. 4. Scot. Anatomia fœtium, c. 8. Scaliger & autres.

Traité de la Navigation d'Isaac Vvossius

une circonference circulaire du Globe terrestre, par lesquels les eaux sont continuellement poussées au même côté, à moins qu'ils ne soient interrompus ou surmontez par les mouvemens particuliers ou casuels de quelques autres vents, ou qu'ils ne soient dirigez, fléchis ou réfléchis diversement ou au contraire par la disposition des côtez, ou par celle des endroits élevez du fond des mers.

Riccioli part. 2. de son Almageste, sect 4. ch. 14 n. 16. & 17. & liv 10. de son hydrographie. ch. 4. & 5. du P. Fournier, liv. 9 de son Hydrographie & de Iean Herbinius en son Traité des Cataractes soûterraines, & flux des mers, du P. Kircher, en son Traité du monde Soûterrain, tom 1. l. 3. de François Bacon en son livre du flux; du sieur Dassier en son Routier des Indes, & divers autres Autheurs.

Il y a deux sortes de ces mouvemens generaux, l'un se fait d'Orient en Occident, & l'autre se fait d'Occident en Orient; le premier regne principalement sous la ligne Equinoxiale, & s'étend jusques à trente ou quarante dégrez en deça & en delà la Ligne.

Boyle, de fundo maris. Voyage des Indes de Vincent le Blanc, p. 163. Kircher. mund. subterr l. 7. c. 1. consect. 1. & cap. 3. Iournal d'Angleterre de l'an 1668 du 15. ou 25. Iuin; Hist. universelle de Fr. de Belleforest, après Gonçal Oviedo, liv. 2 ch. 10 Edonis Euhusii fatidica, lib. p. 22.

Ce mouvement a ordinairement plus de force depuis la superficie jusqu'à une certaine profondeur au dessous de laquelle il est quelquefois converti en son contraire.

Du mouvement de la mer d'Orient en Occident.

Ces circonstances ont été observées par tous les Voyageurs de long-cours dans leurs voyages des Indes; le mouvement des eaux de l'Ocean d'Orient en Occident a été parfaitement reconnu par le tems que ces Voiageurs ont toûjours éprouvé en allant aux Indes Occidentales, d'autant moins long

qu'ils ont navigé plus proche de la ligne
Equinoxiale & d'autant plus long que leur
navigation en a été plus éloignée ; ils ont
auſſi éprouvé cette diverſité qui eſt entre
les mouvemens des eaux inferieures à celui
des ſuperieures dans la profondeur des mers
par les cordages de leurs ancres.

Du mouvement d'Occident en Orient.

Le ſecond des mouvemens generaux ,
ſçavoir celui d'Occident en Orient commence à regner où l'autre finit , ce qui
eſt environ à trente ou quarante degrez de
la Ligne ; il a été pareillement reconnu par
le moins de tems que les Voyageurs de
long - cours mettent en allant aux Indes
Orientales , lors qu'ils navigent dans une
pareille ou dans une plus grande diſtance
de la Ligne , que ſi leur navigation en étoit
moins éloignée.

Par ces mêmes raiſons les uns & les autres prennent dans leur retour une route
oppoſée à celle qu'ils ont tenuë en allant à
l'une ou à l'autre de ces Indes ; ceux qui
reviennent des Indes Orientales aprochans
autant qu'ils peuvent , & ceux qui reviennent des Occidentales éloignans autant qu'il
leur eſt poſſible leur navigation de la Ligne.

Mouvement Climatique.

Ce mouvement d'Occident en Orient eſt
moins fort dans les eaux prochaines de la
ſuperficie , que dans celles du fond ſur leſquelles il regne , ce qui eſt cauſe qu'il ne

Ieurnal d'An-
gleterre de l'an
1668. du 15. au
25. Iuin & au-
tres.

peut en certains endroits prévaloir à son contraire , dans une grande élevation.

Mouvemens Climatiques.

Les mouvemens climatiques sont ainsi appellez parce qu'ils sont plus ordinaires ou plus sensibles sous certains climats , ceux des Zones froides reçoivent de l'alteration par les changemens des saisons , portant les eaux du côté du midy au côté des Poles, ou des Poles au côté du midy par les penchans ou par les montans de leur superficie, suivant que l'inclination de leur gravité qui les attire aux plus bas lieux , ou que l'impression de leur mouvement qui les pousse aux plus élevez , prevalent l'une à l'autre.

Ils sont sujets aux mêmes inflexions , & reflexions par les côtez & par les autres circonstances que les mouvemens generaux.

Des courans.

Les mouvemens particuliers sont vulgairement appellez courans * ils regnent rarement ailleurs qu'és lieux prochains des côtés , les plus forts sont dans les détroits , ils s'étendent peu au-delà de certains endroits , il y en a qui viennent de toutes parts & qui vont à tous les côtez.

Ils reçoivent plusieurs autres differences, car les uns sont continuels, venans toûjours de même part & allans toûjours au même

** Hist. de la nouvelle France de Marc , l'Escarbot, liv. 2, ch. 4. p. 171.*

Routier des In. des Orientales d'Alexo à Mo- ta : Iournal

côté, & prenans seulement plusieurs inflexions & reflexions, par la disposition des
côtez ou par celle des détroits & des fonds
des mers

Les autres sont changeans, variables, alternatifs & venans en certains tems ou en certaines saisons d'une part à une autre, & dans
un autre tems ou dans d'autres saisons allans
& venans d'un autre côté à un autre côté.

Avant que de passer d'un contraire à l'autre contraire, ils ont ordinairement des
intermissions ou intervalles qui font des
calmes de differents dégrez dans les divers
endroits des mers qui sont sujettes à leurs
impressions.

d'Angleterre de l'an 1668. du 15. ou 21. Iuin. Voyage des Indes Orientales de Fr Peyrard, ch. 10. n. 18.

ARTICLE V.

Des mouvemens extraordinaires des mers, & des inégalitez & contrarietez des mouvemens ordinaires.

ON peut mettre au nombre de ces
mouvemens changeans & alternatifs,
ceux de plusieurs mers qui sont composez
de deux mouvemens contraires, par l'un
desquels les eaux affluent abondamment
& en refluent par l'autre en pareille abondance.

Des flux & reflux des mers.

Ce mouvement est vulgairement apellé
mouvement de flux & de reflux.

Ce mouvement de flux & reflux a plusieurs periodes , l'un journalier qui s'accomplit en vingt-quatre heures & quarante-
huit minutes ; l'autre lunaire qui s'accomplit deux fois en un mois lunaire , & l'autre
annuel qui s'accomplit deux fois par année.

Tous ces periodes ont leur plus haut &
leur plus bas point, & reçoivent plus ou
moins d'accroiſſemens ou de diminutions
ſuivant,& à proportion de leurs aproches ou
de leur éloignement de ces points.

Des circulations particulieres.

Les mouvemens compoſez qui ſont dirigez & convertis en circulations,ne dépen-
dent que de la diſpoſition des bords qui enferment les eaux agitées par leurs diverſes impreſſions.

Rien n'eſt plus oppoſé à ces mouvemens
que les calmes , la plûpart des mers en ont
quelque-fois par accident ; mais il y en a
auſquelles ils ſont ordinaires & dont ils ne
ſont alterés que par les mouvemens caſuels
qui proviennent des changemens de l'air &
de la varieté de ces vens qui n'ont aucun
ordre ni aucun tems reglé, dont la connoiſſance ne fait rien au ſujet qui ſe preſente.

Le mouvement general des mers d'O-
rient en Occident ſous la Zone torride plus
fort ſur les eaux prochaines de la ſuperficie, démontre * le raport qu'il a avec les
Cieux par ſa circulation ordinaire & celui
qu'il a avec le Soleil par l'inclinaiſon de
cette

Voßius, Ric-
cioli, Fourñier,
Kirch. és lieux
cy-devant citez
P. Honorat Fa-
bry en ſon livre
de Æſtu Mari-
no & autres.

* Vvoßius en
ſon Traité du
mouvement des
vents & de la

cette circulation à l'un ou à l'autre des
Poles, ou sa déclinaison de l'un ou de l'autre
suivant & à proportion de celles du soleil.

Les proprietez de ce mouvement sont
d'autant plus vray-semblablement referées
au Soleil, qu'elles ne peuvent l'être à aucun principe enfermé dans l'interieur de la
terre ny à aucun des autres Astres superieurs.

Le renforcement annuel de ce même
mouvement lors que le Soleil parcourt la
ligne Equinoxiale, fait la même démonstration, & son renforcement ou affoiblissement
mensal suivant les rélations ou oppositions
de la situation de cet Astre à celles de la
Lune, font voir les causes de cette inegalité dans les divers aspects de ces deux Planetes.

De l'origine du mouvement des mers d'Occident en Orient.

Il n'en est pas de même du mouvement
general d'Occident en Orient, dont le regne
commence depuis le degré auquel finit celui d'Orient en Occident.

Ce mouvement d'Occident en Orient
prend d'autant plus de force qu'il s'écarte
davantage de l'autre, & qu'il approche
plus du fonds; fait connoître l'éloignement
& l'opposition de son principe, qui est dans
l'impression que les eaux reçoivent du
feu central, dont la verité, la situation
& la circulation seront démontrées dans

Notes marginales :

mer, ch. 1, & 2.
Dassier dans
son Architectu-
re navale, liv.
3. ch. 1. Claude
Duret en son
Traité des cau-
ses des mouve-
mens des mers
15. p. 58. 59 &
60. Acosta, liv.
3. ch. 6.

Vuossius dans
son Guidon de
la navigation.
chap. 3. Riccioli
Almag. tom. 1.
lib. 9. cap. 14.
sub finem nu-
meri 13. se-
cūdùm From-
medū Cabeū,
& numero 14.
secundùmSca.

ligerum : Ipfe Scaliger, lib. 15 de fubtilitate, exercit 52. *A-cofta en fon hiſt. des Indes, liv. 3. ch. 4, Kir-cher l. 3. cap. 10. difquifit. 10. & cap. 7. difquifit. 6. chap. 9. dif-quifit. 8.*

le Chapitre particulier de cet élement.

L'égalité des forces de ces deux mou-vemens produit dans les endroits de leurs confins des calmes où ils s'arrêtent recipro-quement, ou bien des concurrences dans lefquelles ils fe furmontent alternative-ment, au moyen des circonſtances des tems & des lieux plus ou moins convenables au cours de l'un, ou à celui de l'autre.

Ce mouvement d'Occident en Orient eſt obfervé foûs toutes les Zones tempe-rées, & même foûs les Zones froides juf-qu'aux endroits où il eſt coupé par ceux qui viennent des Poles ; il n'a aucune pro-prieté, ni aucunes autres circonſtances qui ayent du rapport à celles des Cieux ; les pleines mers dans lefquelles il domine éga-lement ou concurremment avec celui d'O-rient en Occident, & leur égal éloigne-ment de toutes les côtes & de tous les corps, dont les obſtacles pourroient en faire quel-que repercuſſion, ne permettent pas mieux de rapporter l'origine de l'un que celle de l'autre à aucune reflexion.

Ce mouvement s'avance autant du côté des Zones temperées & de la Zone torride, que celui qui eſt imprimé aux eaux par les Cieux & par le Soleil s'en éloigne, & il s'en éloigne autant que l'autre s'en appro-che : ainfi la contrarieté de ces deux mou-vemens ne pouvant provenir que de prin-cipes opposés, démontre celui du mouve-ment d'Occident en Orient, dans l'endroit le plus oppofé du principe du mouvement d'Orient en Occident, sçavoir dans l'interieur du Globe terrestre.

Ces deux mouvemens se repoussans reciproquement par la contrarieté de leurs impressions, separent les eaux sur lesquelles ils dominent dans les endroits où elles ne sont point contraintes par la proximité des côtés, & se partagent leur regne sur les portions des pleines mers, plus disposé par leurs circonstances à recevoir leurs impressions.

Des rapports des mouvemens Climatiques aux mouvemens generaux.

Les mouvemens Climatiques qui portent les eaux aux Poles & qui les en rapportent, n'ont de leur part aucun rapport avec ceux des Cieux ; mais celui qu'ils ont avec les deux precedens mouvemens des mers par leur acceleration ou leur remission, qui suivent la proportion de leurs approches ou de leurs éloignemens, exhaussement ou abaissement des eaux sujettes aux impressions de ces deux mouvemens generaux ; font reconnoître l'origine de leurs progressions & de leurs regressions dans les differentes circonstances de ces deux precedens mouvemens generaux.

Dassier en son Architecture navale, liv.3. ch. 1. Uvossius en son Guidon, ch.2. Kicher, lib 3. c. I. mund. subterr. sect.1.c.1, Duret, ch.18.p.163 & autres Autheurs par lui cités.] C. Cæsar Darçons en son livre du flux & reflux de la mer 2. Partie, ch 8 Morisotus in orbe maritimo, lib.2. c. 4. Introduction à l'hidrographie

de l'Athlas de Ianssen, ch.4. Kircher mund. subterr. lib.3.sect.1.c.1. Bartolin de aquis n.70. Hist. de la nouvelle France de l'Escarbot, l.2.ch.4. Memoires du sieur Bernier, p.225. & 218. Kircher, tom. I. mund. subterr. l.3 c.20.

Des causes des diverses circonstances des courans des mers dans les divers lieux & dans les divers tems.

Voyage des Indes de Mandeflo, liv. I p. 280. de Vincent le Blanc, ch. 10. p. 163. de Franç. Pyrard, p. 71. & ch. 18. p. 165 des Hist de Iean de Baros, de

Les mouvemens particuliers à certains détroits, ou à d'autres endroits des mers qui n'ont aucun côté determiné ou commun depuis le commencement de leurs cours jusques à la fin, reçoivent plusieurs differences dans leurs durées.

Marc Paule Venitien. Routier des Indes Orientales d'Alexandre Damota, p. 2.3.58. Iournal d'Angleterre de l'an 1668. du 15. ou 25 Iuin.

Voyage du General Beaulieu, p 6. Kircher mund. subterr. lib. 3. c. 1. & c. 7. Vuossius ch. 7. Dassier en son Routier des Indes en divers lieux.

Les uns ont continuellement le même cours, d'autres le changent de six en six, & d'autres de trois en trois mois, & quelques-uns de quinze en quinze jours, ou en un tems plus court, commençans, cessans ou changeans, & étant même convertis en leurs contraires, suivant la diversité des saisons, proximité des Equinoxes, ou des solstices, ou aprés un certain espace de tems.

La diversité de toutes ces circonstances fait voir celles de leurs principes, dont les plus prochains se rencontrent dans les mélanges & dans les reflexions des mouvemens precedens, les autres dans les facultés & dans les dispositions interieures de la terre, & les autres dans les mêmes causes qui font les differences & la varieté des tems & des saisons.

Les intermissions ou intervales qui font une espece de calme entre la fin de l'un des cours de ces mouvemens alternatifs & le commencement de celui qui lui est contraire, marquent seulement dans ces circonstances l'affoiblissement de l'un & de l'autre.

De la multitude des causes des flux & reflux.

Mais la grande varieté des accidens ausquels sont sujets ces mouvemens vulgairement appellez flux & reflux, démontrent une bien plus grande multitude & une plus grande diversité de principes dont les uns plus communs se rencontrent dans les mouvemens precedens, ou dans une même & commune origine, & les autres qui leur sont particulieres procedent des causes superieures.

Dassier en son Routier des Indes Orientales & Occidentales, l. 5. ch. 2. & 3. Vvossius, ch. 8. & 9. Kircher tom. I. mund. subterr. lib. 3. c. 1. 2. 3. 4. 5. 6. 7. & 8. Honor. Fabri Dialogi de motu terræ & causa æstus marini. Riccioli, d'Arçons & alii plurimi.

Des calmes des mers.

Les calmes ordinaires ou tres-frequens à de fort grandes mers, démontrent bien mieux la privation ou les éloignemens des principes de tous les mouvemens, ou les défauts des conditions necessaires à la participation de leurs impressions, que leurs mélanges, ou que leurs concurrences, parce que le concours des differentes circonstances convenables aux uns & aux autres, les feroient plûtôt prévaloir alternativement qu'amortir reciproquement leurs im-

Voyage de Fr. Pyrard, p. 141. Voyage de Siam des P. Iesuites, l. 1. pag. 29. 6. Pars Indiæ Oriental. p. 3. Voyage des Indes de M. Dellou, ch. 28 p. 120. Routier des Indes Orientales d'Alex. Damota p. 2. & autres. Dassier en son Routier des Indes en divers lieux.

E iij

preffions par le mêlange & par la confu-
fion des eaux qui en auroient été empreintes.

Remarques importantes tirées des confequences des mouvemens exterieurs du Globe terreftre.

Les effets, & les parties nous donnans par leurs rapports, la connoiffance des caufes, & de toutes les voyes les plus fûres pour nous conduire à la connoiffance des

Tous ces mouvemens & toutes ces circonftances de leurs principes, font des voyes
propres à nous conduire à une entiere dé-
couverte de leurs caufes prochaines qui
confiftent dans la difpofition des fubftances fuperieures, ou dans la conftitution
des inferieures.

mouvemens des corps celeftes, fe doivent rencontrer dans les obfervations faites dans ce Traité des mouvemens des élemens Sublunaires, par la correfpondance defquels aux celeftes on peut faire la decifion du grand Problême fur le mouve-ment du Soleil autour de la terre, ou de la terre autour du Soleil, laquelle de-cifion nous entreprendrons de faire par cette voye dans l'Anatomie du monde celefte.

La connoiffance parfaite des caufes prochaines de ces mouvemens, nous démon-
trera reciproquement les accidens de ceux
dont les eaux interieures du Globe terreftre
font agitées, avec lefquels les mouvemens
exterieurs confervent des correfpondances
pareilles à celles qui fe rencontrent entre
les difpofitions exterieures & interieures du
Globe terreftre, & gardent des proportions
conformes au plus ou au moins des impreffions qu'ils reçoivent tant des principes exterieurs que des interieurs.

*Des differences & oppositions qui se rencontrent
entre les mouvemens des eaux exterieures
& ceux des interieures, & de leurs consequences.*

La mesure des effets étant proportionnée à l'application la plus directe & à
l'action la plus prochaine des principes sur
les sujets convenablement disposés ; le mouvement d'Orient en Occident, dont les
principes se rencontrent dans les substances celestes, regnent consequemment avec
beaucoup plus de force & dans une étenduë beaucoup plus grande sur les mers exterieures que sur les interieures.

Ce mouvement est d'autant plus affoibli
& moins étendu dans les mers interieures,
qu'elles sont plus éloignées de ces causes superieures, & comme de toutes les parties
du Globe terrestre, la Zone torride est la
plus directement soûmise au cours des Planetes, leurs impressions sur cette partie de
ce Globe prévalent davantage à toutes celles qui peuvent provenir d'ailleurs, qu'elles ne peuvent prévaloir sur toutes les autres parties.

Par une pareille raison le principe du
mouvement d'Occident en Orient se ren-
contrant dans l'endroit le plus prochain du
centre, ou bien dans le feu central dont
l'action s'étend sur toutes les parties des
circonferences des deux Zones temperées ;
ses impressions sont d'autant moins alterées

E iiij

que celles de son contraire , qu'il en est plus éloigné & il les surmonte avec d'autant plus de force dans toute l'étenduë des mers interieures , qu'elles lui sont plus prochaines.

Il surmonte au contraire d'autant moins le mouvement d'Orient en Occident qu'il s'éleve davantage vers les mers superieures,& son impression est en même tems plus affoiblie par celle de son contraire , laquelle est plus forte sur les sujets , sur lesquels son action est plus prochaine & plus directe.

La proprieté ordinaire des mouvemens circulaires d'éloigner de leur centre toutes les parties des corps empreintes de leurs impressions par la ligne tangeante du cercle qu'ils décrivent , fait des effets dans les circulations des grandes mers exterieures , differens de ceux qu'elle fait dans les circulations des grandes mers interieures.

Les parties de la circonference convexe des mers superieures sont portées par la direction de cette ligne au dehors de la superficie qui les termineroit si elles étoient sans mouvemens ; & celles de la circonference concave des mers interieures sont poussées par la direction d'une pareille tangeante , au dedans de la superficie interieure qui les contiendroit si elles étoient en repos.

Ainsi d'autant que le mouvement circulaire des mers superieures a plus de force & plus de vîtesse , d'autant toutes les eaux en font plus élevées au dehors, & fi ce mouvement eft plus acceleré dans une des portions de fa circulation que dans une des autres, les eaux feront plus portées au dehors dans cet endroit que dans les autres.

Au contraire d'autant que la circulation des mers interieures eft plus accelerée, d'autant toutes les eaux de leur fuperficie concave font plus enfoncées au dedans de leur profondeur, * & fi cette circulation eft plus accelerée dans l'une de fes parties que dans l'une des autres, les eaux de cette partie feront depuis leur fuperficie concave, d'autant plus fortement & plus avant pouffées au dedans de fa profondeur dans l'une que dans l'autre.

Il s'enfuit de ces principes que d'autant que les eaux des mers exterieures & interieures font agitées par de plus promptes circulations, d'autant leur poids refifte moins à l'élevation des fuperieures, & à l'enfoncement des inferieures dans leur concavité, parce que les eaux des mers inferieures preffées par le contre-poids de la faculté motrice, qui procede du centre à l'impreffion de laquelle le poids des fuperieures fait alors moins de refiftance, font d'autant plus portées aux concavités des fuperieures par les endroits de leur communication des eaux, defquelles l'accez à celles des fuperieures fait pour lors un accroiffement confiderable.

Par la raifon des contraires, d'autant

* Il faut noter que la profondeur de cet interieur, fe prend au contraire de la profondeur des mers exterieures, celle des exterieures fe prend d'haut en bas, & celles des interieures fe prend de bas en haut.

que les mouvemens des eaux des concavités inferieures font plus remis ou ralentis
dans toutes ou feulement dans quelques
parties de la circonference qu'ils occupoient, d'autant le poids des eaux fuperieures furmonte davantage le contre-poids
des inferieures, lequel leur fait ainfi de fa
part d'autant moins de refiftance.

Suivant ces difpofitions les eaux des mers
fuperieures paffent de leur region & de
leurs concavitez dans celles des mers inferieures par les pentes qui les conduifent aux
endroits de leurs communications, & l'accez des eaux des mers fuperieures trouvans
moins de refiftance dans les endroits des
inferieures, dans lefquels le mouvement circulaire eft plus ralenti, y fait un plus grand
amas & un plus grand accroiffement que
dans les autres où il eft moins remis.

L'oppofition des mouvemens climatiques dans leurs cours qui portent les eaux
des côtez des Poles à ceux des Zones
temperées ou à celui de la Zone torride,
ou qui les portent des côtez de la Zone
torride ou de ceux des Zones temperées
aux côtez des Poles, proviennent de ces diverfes élevations ou depreffions des eaux
caufées par la diverfité des accidens &
des circonftances des deux mouvemens
generaux.

Les impreffions de l'un de ces mouvemens generaux, fçavoir de celui d'Orient
en Occident font plus fortes fur les eaux
de la Zone torride fur lefquelles elles tom-

bent directement ; & celles de l'autre mouvement general font plus fortes fur celles des Zones temperées qu'elles frappent par des lignes femidiametrales tirées à angles droits, de l'une du Globe terreftre fur les cercles qui compofent la furface de leur fuperficie concave.

Mais ces deux impreffions dont l'une procede des principes fuperieurs & l'autre des inferieur, n'agiffans fur les parties Polaires que par des lignes obliques & indirectes ; leur effet fur leurs eaux eft peu ou point fenfible & n'y apporte aucun empêchement à ceux des deux facultez motrices contraires, dont l'une porte les corps au centre ou aux lieux plus prochains du centre, & l'autre les porte au côté de la circonference à la hauteur jufques à laquelle fes impreffions peuvent prevaloir.

Ces deux facultez oppofées maintenans dans les mers exterieures de ces parties Polaires la difpofition qu'elles ont à garder entre-elles dans la hauteur & dans la baffeffe de leurs eaux, fuivent les proportions que leur poids & leur contre-poids ont entre-eux.

Ainfi les mers exterieures fe déchargent par les endroits des communications qu'elles ont avec les interieures dans les concavitez des interieures des eaux qui leur furviennent des differens climats, dont le poids augmentant celui qu'elles avoient auparavant, leur fait exceder cette proportion.

Les eaux des autres climats accourent

aux Polaires dans les intervales de la ceſſa-
tion ou de la diminution des mouvemens
circulaires des mers Meridionales, par l'acceleration deſquelles elles avoient été auparavant élevées contre l'inclination de leur
gravité, dont l'impreſſion affoiblie les laiſſe
ſucceſſivement refluer vers les mers Polaires, lors que la ſuperficie s'eſt abaiſſée juſques au point au-delà duquel leur cours
ceſſe de porter leurs eaux ailleurs.

Par la même raiſon lors que les mers
interieures des parties Polaires reçoivent
par un pareil changement de la diſpoſition
des autres mers interieures des accroiſſemens de leurs eaux, par leſquelles la proportion de leur contre-poids au poids des
mers qui leur ſont ſuperieures eſt alteré,
elles renvoyent à ces mers ſuperieures des
Poles par les mêmes endroits de leurs communications toutes les eaux par la ſurabon-
dance deſquelles leur poids excede cette
proportion.

La ſuperficie des mers exterieures de ces
parties Polaires devenant par l'aſcenſion
des eaux de ces mers inferieures plus élevée que celle des mers voiſines des autres climats, leurs eaux prennent par leur
gravité leurs cours aux côtez de ces autres climats.

Ces alterations du poids & du contre-
poids des mers interieures & exterieures des
parties Polaires, faites alternativement
dans les unes & dans les autres de ces
mers, reglent les alternations des mouve-

mens des eaux des mers des climats chauds
& temperés.

Les eaux des mers interieures qui courent des climats interieurs prochains à leurs
Poles, & qui font portées aux parties Polaires des mers exterieures par les endroits
de leurs communications, fe repandent delà dans les mers des autres climats exterieurs ; & celles des mers exterieures de
ces climats qui fe rendent aux parties Polaires des mers exterieures par les communications defquelles elles entrent aux parties Polaires des mers interieures, fe repandent de-là dans les mers interieures des
climats interieurs voifins.

Il eft confequemment évident que ce
cours des eaux des mers exterieures des
parties Polaires aux côtez des climats exterieurs chauds & temperés, démontrent
dans les mers interieures qui leur font inferieures le cours des eaux des climats interieurs fuppofez aux climats des Zones
temperées & torrides exterieures, & au
côté des Poles, & que le cours des eaux
des Zones fuperieures torrides & temperées aux côtez des Poles, démontre dans
les mers inferieures des parties Polaires le
cours des eaux de ces parties, aux côtés
des autres climats interieurs.

Des principes des courans des mers.

Les courans dont les eaux fuivent les
pentes des fonds qui les foûtiennent & la

direction des terres & des bords qui les enferment, ont les mêmes principes de l'origine de leurs mouvemens.

Ceux dont le cours est ordinaire du même côté, proviennent de la reparation qui se fait continuellement de la proportion du poids des eaux superieures au contre-poids des inferieures par leurs accez des endroits où elles surabondent à ceux dans lesquels elles defaillent.

Les courans dont les eaux prennent leurs cours d'un côté à un autre pendant six ou pendant trois mois, ou pendant un tems plus court, & dont les cours sont aprés un pareil espace de tems convertis en leurs contraires, ont les principes dans les reparations qui se font continuellement des proportions du poids des eaux superieures au contre-poids des inferieures par le cours, & decours des eaux des endroits où elles surabondent à ceux dans lesquelles elles manquent.

Comme l'alteration des proportions dans ces endroits, par de telles surabondances ou défaillances de leurs eaux, provient de l'alteration des mouvemens generaux qui se surmontent alternativement dans la force & dans l'étenduë de leurs impressions, suivant les differences des saisons, ou suivant les diverses situations des Astres plus ou moins convenables, ou plus ou moins contraires à l'un ou à l'autre, & suivant les diverses situations ou dispositions des côtés ou du fond des mers.

Les changemens de ces circonstances faisant prévaloir & ceder reciproquement ces mouvemens l'un à l'autre dans les mêmes endroits, font alternativement surabonder les eaux dans ceux où elles défailloient, & les font défaillir dans ceux où elles surabondoient, par laquelle conversion des causes dont les courans prennent leur origine, leur cours est pareillement converti.

ARTICLE VI.

Des gouffres des mers, & les consequences qui en sont tirées.

LEs Gouffres affreux de plusieurs endroits des mers sont de deux especes, par lesquelles ils confirment la verité de l'origine de la diversité des courans ; les uns reçoivent des eaux immenses sans en jamais repousser par les mêmes endroits, & les autres les reçoivent & les rendent alternativement en pareille quantité. *

*Andr. Baccius de Thermis, lib. 2. pag. 127. Olaus Magn. de reb. Septen. lib. 2. c 4. Sommaire des Indes Occidentales de Dompierre Martyr. Relation de François Alboa, pars. j. Indiæ Orient. pars. 9. Indiæ Occident. hist. orbis marit lib. 2. c. 33.
Voyage d'Olearius liv. 4. p. 353.
Herbinius Dissert. de cataractis, c. 9. p. 126. 127. & 128.
Iacques Fumée, feüille 27, & suivans.
Kircher. mund. subterr. tom. 1. lib. 3. disquis. 1. c. 1. 2. 3. & disquis. 9. cap. 10 Schot. Anatom. font. l. 1. c. 8.
Georgius Agricola de natura eorum quæ effluunt ex terra, lib. 4. pag. 152. & 153.
Joan. Zahn. in specula Physico mathematico historica, & autres, p. 138. & Zeiglerus, apud eum aquæ sorbentur accedente fluxu, & rejiciuntur re×fluxu. Item, &c.

L'abfortion de cette immenfité d'eaux fans retour, marque dans ces premiers gouffres les divertiffemens & affluences des eaux, aux refervoirs foûterrains & fubmarins, defquels elles font élevées aux fources, aux écoulemens continuels defquelles ces refervoirs fourniffent.

Les autres gouffres démontrent par la viciffitude des flux & reflux de leurs eaux afcendantes & defcendantes, la contrarieté des viciffitudes des flux & reflux des eaux inferieures, aux viciffitudes des fuperieures, & découvrent les raifons des viciffitudes des mouvemens, par les impreffions defquels ces eaux prennent des cours & des decours également oppofés.

Par ces viciffitudes les effets des forces des deux facultés motrices contraires, dont l'une pouffe les corps au centre, & l'autre les en repouffe, font reciproquement compenfés.

La verité de cette viciffitude de mouvemens des eaux inferieures contraires à ceux des exterieures, fous toutes les Zones temperées, froides ou torrides, eft furabondamment confirmée par les viciffitudes des mouvemens des diverfes Fontaines, de plufieurs Lacs & de plufieurs mers, & des divers Euripes ou Gouffres, contraires à celles de l'Ocean exterieur.

Ces Fontaines, ces Lacs & ces Mers, participans au moyen de leurs circonftances, ou de leurs difpofitions particulieres, beaucoup plus des impreffions des mouvemens

vemens interieurs que de celles des exterieurs * ont leurs flux dans les tems que
la plûpart des mers exterieures, & que les
Lacs & les Fontaines qui suivent leurs mouvemens ont leurs reflux ; & ont leurs reflux dans les tems que ces autres mers,
Lacs & Fontaines ont leurs flux.

* Georg. Agri-
cola de natura
eorum quæ
effluunt ex ter-
ra, lib. 3. pag
12 . ex diver-
sis authoribus.
Orbis marit.
Morizoti , lib.
2. c. 42. Andreas
Baccius, lib. 1. cap. 24. p. 45. tom. 3. *Du Voyage d'Espagne*, p. 356. Conatus
ad explic. Phœnom R. Boile Per R. 5. pag. 43. *Voyage de Vincent le Blanc
des Indes*, p. 67-72. & 127. *Architecture navale Daßier, liv. 3. ch. 1. p. 204.* Navigatio Patritii, lib. 4. c. 1. *Itineraire de Loüis Barthem liv. 1. ch. 1.*

Majoli dies caniculares colloq 13. p. 182. & 183. ex diversis authorib.
Strabo similia refert , l 3. à Polybio, & Plinius , lib. 2. cap. 97. & ex illo
Leander.

Kircher. tom. 1. mund. subterr. lib. 5. sect 4. c. 4. sub finem Edonis En-
husii fatidica, lib. 3. p. 22. la minera del mundo digio mi Bonardo, lib. 1.
c. 6. fol. 11.

Toutes ces diversités & oppositions d'é-
fets, dénotans les mêmes diversités & les
mêmes oppositions dans leurs causes , les
mouvemens du septentrion au midy & du
midy au septentrion des mers superieures,
donnent consequemment des marques convaincantes des mouvemens contraires qui
se font és mêmes tems dans les mers qui
s'étendent sous les concavitez de leurs lits.

Le mouvement d'Orient en Occident de
ces mers superieures font les marques du
mouvement d'Occident en Orient des mers
qui leur font directement inferieures ; &
les mouvemens qui dominent alternativement ou concurremment avec leurs contraires dans plusieurs mers superieures , font
des signes infaillibles des mouvemens opposez qui dominent à leur tour dans un

F

ordre contraire fur les mers qui leur font
diametralement fuppofées.

*Des effets & des principes du mouvement
d'Orient en Occident.*

Les impreffions des principes du mouvement d'Orient en Occident, & de ceux
de fon renforcement, tels que peuvent être
les Cieux, le Soleil, la Lune, ou autres
Aftres, * fe font non feulement fur la circonference des Zones, fur lefquelles leur
mouvement prevaut ordinairement au mouvement d'Occident en Orient; mais auffi
fur la circonference des Zones, fur lefquelles le mouvement d'Occident en Orient
prevaut le plus fouvent, & où les impreffions de ces principes du mouvement d'O-
rient en Occident, fe font fur la circonference entiere, fur laquelle ils ne prévalent pas toûjours, ou feulement fur quelques-unes de fes portions.

** Il eft bon de remarquer en cet endroit que le mouvement des eaux de l'Ocean, d'O-rient en Occi-dent, & fon renforcement peuvent être ra-portés aux mé-mes principes des impreßions defquels proce-dent la progref-fion des nœuds ou interfections de la ligne Ecli-ptique, par cel-le du cercle du cours de la Lune, comme auffi aux principes defquels precedent les retrogradations des Planetes fuperieures és tems de leurs oppofitions au So-leil, ou celles de Venus & de Mercure és tems de leurs conjonctions & fitua-tions inferieures au Soleil, comme l'on y rapporte l'acceleration du mouvement d'Orient en Occident, ou diminution du propre mouvement d'Occident en Orient de la Lune és tems de fes conjonctions & oppofitions au Soleil.*

L'action de ces mêmes principes fur les
differentes fections de ces circonferences,
étant proportionnée à la plus ou moins
grande prolongation des lignes, par lefquelles elles font leurs impreffions; ces
differentes fections reçoivent confequem.

ment des impreſſions de ces principes d'autant plus fortes qu'ils leur ſont plus dire-
ɛtement & plus prochainement appliqués,
& d'autant moins fortes qu'elles en ſont
frappées par des lignes plus prolongées &
plus obliques.

Il reſulte de cette inégalité d'impreſſions
que les eaux qui occupent les diverſes ſe-
ɛtions de ces circonferences, ſont agitées
par des vîteſſes & par des forces differentes, dans des differentes profondeurs.

Celles ſur les circonferences entieres,
deſquelles prevaut le mouvement d'Orient
en Occident, ſont mûës avec plus de force, plus de celerité & plus profondément
dans les endroits qui ſont où ont été plus
long-tems frappés par une impreſſion de
leur principe plus directe ; & ſont mûës
avec d'autant moins de force, moins de
celerité, & moins profondément dans les
autres endroits où elles ont reçû ces impreſſions par des lignes moins directes &
plus obliques, pendant un plus long eſpace
de tems.

Effet du mouvement d'Occident en Orient.

Mais les eaux qui rempliſſent les ſections
des circonferences, ſur leſquelles domine
ce mouvement d'Occident en Orient, ſont
au contraire agitées d'un mouvement d'autant plus fort, plus vîte & plus élevé, que
les impreſſions de ces principes du mouvement contraire, ſont plus indirectes, &

elles le font d'un mouvement d'autant moins
fort dans toutes ces circonſtances , que les
impreſſions contraires font faites par des
lignes plus directes.

ARTICLE VII.

Des flux & reflux des mers.

CEs mouvemens contraires prévalans
l'un à l'autre dans les diverſes parties
des eaux des lieux ſuppoſés au même Meridien , dont les circonſtances & les diſpoſitions les mettent en concurrence ; la ſituation des principes du mouvement d'Orient
en Occident , renforce autant le mouvement des eaux ſur leſquelles ſes impreſſions
dominent , qu'elle affoiblit celui des autres
poſés ſous le même Meridien , ſur leſquelles leurs impreſſions ne dominent pas.

Par parité de raiſon le principe interieur
du mouvement des eaux d'Occident en
Orient , en renforce autant le mouvement
dans les portions du Meridien ſur leſquelles
ſes impreſſions prévalent , qu'il affoiblit celui des eaux imbuës des impreſſions contraires , ſituées ſous d'autres portions de ce
même Meridien.

Ces mouvemens contraires prenans alternativement par leur plus grand renforcement , des avances ſur les portions des
voyes circulaires les uns des autres ; dans
leſquelles portions leurs impreſſions ſont

réciproquement contraintes , refferrées, réünies & renforcées par la rencontre de leurs contraires , & par les circonftances des tems & des lieux , paffent dans les mêmes circonferences de l'inégalité à la contrarieté , & mettent en certains tems & en certains endroits les eaux qu'ils agitent en concurrence par leurs concours aux mêmes points , & leur font faire és mêmes tems en d'autres endroits , & en d'autres tems és mêmes endroits des diverfions par leur éloignement & decours des mêmes points vers deux autres points aufquels elles accourent.

Les inégalitez de ces mouvemens circulaires caufent des élevations dans les eaux qu'ils regiffent aux endroits dans lefquels un mouvement vîte précedé d'un mouvement plus lent en fait afluer davantage qu'il ne s'en écoule , & caufe des abaiffemens dans ceux dans lefquels un mouvement lent , précedé d'un mouvement plus vîte en fait plus écouler qu'il n'en accourt.

Les contrarietez de ces mouvemens font par leurs concurrences de grands amas d'eau , qui fe repandent enfuite de toutes parts, ou qui font convertis par le conflit reciproque de leurs forces en des vaftes circulations, par lefquelles ces eaux font portées à une élevation d'autant plus grande que les cercles qu'elles décrivent font plus éloignés du centre de cette circulation , & qu'elles font jettées par des Se-

midiametres moins obliques à des concavitez ou à des détroits qui s'étendent jufques
à la plus grande diftance, à laquelle elles
peuvent être portées par le plus fort de
leurs impreffions, & que ces concavitez ou
détroits font reduits en leurs enfoncemens
dans le continent d'une plus grande largeur de leur entrée à un efpace plus étroit
& plus refferré.

Ces mouvemens contraires reciproquement prolongez font par le détour ou par
le partage de leurs impreffions au-delà du
point de leur concours mis hors des concurrences qui caufoient leurs vaftes circulations & les grandes élevations de leurs
eaux, dont les amas font fucceffivement
divertis à des points & à des côtés opposés.

Ces inégalités & contrarietés des mouvemens & ces circulations generales & particulieres des eaux, font les caufes prochaines des grands flux & reflux, frequens &
ordinaires és lieux des mers moins éloignées
des côtez ; ils font plus rares, ou moins
fenfibles dans les pleines mers, dans la
vafte étenduë defquelles les mouvemens
contraires fe feparans & s'écartans aux diverfes parts, font plus frequemment &
plus aisément mis hors de concurrence.

Les defcriptions precedentes de ces mouvemens differens & opposés, font affez
connoître que leurs principes confiftent
dans les differentes impreffions directes ou
obliques que les parties des mers exterieures & interieures, reçoivent diverfement

Voyage des P.
Iefuites à Siam,
liv. p 13 .hift.
Orbis marit.
lib 2 c p.Kir-
cher. tom. 1.
mund.fubterr.
cap 7.difquifit
6.p.144.

ſuivant la difference de leurs circonſtances du côté de leur centre, ou du côté de leur circonference, ſoit dans la circulation, ſoit dans l'aſcenſion deſcenſion ou expanſion de leurs eaux, pour la conſervation ou reparation de la proportion & de l'équilibre, de leur poids & de leur contre-poids.

C'eſt par cette proportion neceſſaire du poids & du contre-poids des eaux que les flux & reflux ſe font par tout en même tems ſous un même Meridien.

Ces mouvemens reçoivent pluſieurs modifications par les differentes diſpoſitions du fonds des mers, ſituation, figure & autres circonſtances de leurs côtés, & par les alterations ou concurrences de leurs impreſſions.

Mais l'étenduë & la profondeur de cette matiere qui renferme l'origine & toutes les cauſes éloignées & prochaines, generales & particulieres de tous les differens flux & reflux & courans des mers, engageroit à une longue digreſſion, dont le détail qui écarteroit trop du preſent ſujet, eſt remis à un Traité particulier, par lequel tout le miſtere en ſera clairement expliqué, & tous les ſecrets découverts.

[a] Les vents qui agitent quelquefois plus les mers dans leur profondeur que dans leur ſuperficie, & qui s'élevent de leurs fonds dans les airs ſuperieurs, [b] les grands feux leſquels ſortans de leurs mêmes fonds ſe font ouverts des paſſages à travers leurs ondes, [c] & les gouffres qui abſorbent avec

[a] Fabritii Paduani de vétis, c.8. Kirch. tom. . mund. ſubterr. lib.4. ſect.2 c 5.propoſit.1. p.202. & propoſ. 4.p. 205. & propoſ. 5.p 206.Feder.

les eaux marines , tous les autres élemens mêlez ou contigus , démontrent les regions de l'air & du feu inferieures aux mers , & les communications reciproques de leurs regions inferieures avec les superieures.

Bonaventura supra Theophraftum de ventis. p 398. de vent. motu. p. 41.

b Voyage du Levant de Mr Thevenot , ch. 68. Relation de ce qui s'eft paffé en l'Ifle de S. Chriftophle du P. Fr. Richard, ch. 26. Kircher. tom. 1. mund. fubterr. lib. 4. fect. 1, c. 5. p. 182. & 183.

c Fr. Baco hift. ventorum art. 8. n. 3. in fubterraneis procul dubio magna exiftit aëris copia , eamque & expirare fenfim , & emitti confeftim aliquando urgentib. cauffs neceffe eft & n. 5. Inveniuntur in mari quædam loca ac etiam lacus qui nullis flantib. ventis majorem in modum tumefcunt, ut hoc à fubterraneo flatu fieri appareat. Item n. 8. & 9. Agric. de æftu & caufis fubterr. lib. 3. p. 37. cavernæ quibus maria fuftinentur.

David Pf. 147. flabit fpiritus ejus & fluent aquæ. Efdras, lib. 4. cap. 16. qui pofuit in deferto fontes aquarum & fuper verticem montium lacus ad emittendum flumina.

L'expofition des accidens des mers , doit être fuivie de celle des fources qui en tirent leur origine.

Des principes & de l'origine des Sources & des Fontaines.

Il faut rapporter en cet endroit , ce qui eft cy-devant ch. 2. de ce Traité extrait de l'Hiftoire de l'Academie Royale des Sciences de l'année 1703 où les autres opinions de l'origine des Sources & des Fontaines refutées, imparfaites , in-

La neceffité d'un principe qui éleve les eaux de ces bas lieux aux éminences dont elles fortent & dont elles découlent , & la force proportionnée à cet effet , qui fe rencontre dans cette faculté inferieure qui pouffe les corps du centre à la circonference dont la verité a été établie , montre clairement la caufe de l'élevation des eaux des fources & des lacs aux fommets des plus hautes montagnes dans cette faculté motrice , dont la nature pareille à celle des principes de l'impetuofité a été cy-devant remarquée.

naturelle & plus commune que l'on peut reconnoître dans celle
en cet endroit.

Les obfervations generales de l'eleva-tion des eaux par les flux des mers à des hauteurs prodigieufes , & d'autant plus grandes que la largeur des concavités auf-quelles elles font directement portées par leurs cours , eft reduite par la longueur de leurs enfoncemens , dans le continent des terres à un efpace plus étroit ; les fleuves & les vents dont la rapidité & la violence croiffent d'autant plus que leurs voyes ou paffages font plus refferrées ; les bâles des armes à feu , les eaux ou l'air d'une Syrin-gue parvenans à une diftance d'autant plus grande que leurs calibres font plus étroits, démontrent par les regles de proportion , que les effets gardent avec leurs caufes dans des circonftances pareilles , ou plus convenables , le point auquel peut être por-té l'effet de cette faculté motrice inferieu-re , dont les forces reduites & réünies d'u-ne tres-vafte étenduë à un tres-petit efpa-ce , repouffent à la circonference les eaux des mers enfermées dans les concavités foû-terraines ; & les contraignent par compref-fion de fe retirer , & de prendre leur iffuë par les voyes par lefquelles elles trouvent le plus de facilité & le moins de refiftance.

fuffifantes , re-
duifent à la re-
cherche d'une
autre caufe plus
qui eft rapportée

Voyage de Per-
fe & des Indes
de Th. Herbert
p 154. 271. 552.
56 . hift. des Ifles
S. Chriftophle du
P. du Tertre, p.
141. *Liceti* hy-drologia, p. 91.
Voyage d'E-
doüard Brouug
en Hongrie ; p.
77. Ambaffade
de la Compagnie
des Indes Orien-
tal. des Pro-
vinces Unies ,
ch. 29 p. 114. &
283. Gilberti Philofoph. no-va, lib. 5 cap. 2.
Hiftoire de la
Societé Royale
de Londres, fol.
250 *Voyage de*
Pietro Della-
valle tom. 1. p.
218 & fuivan-
tes
Ambaffade
des Hollandois
en la Chine en
165 . p. 43.
Joan. Fabry hydrograph. Spagiricum c. 6. p. 288. Phy-fica fubterr Joan. Beche-ri, lib. 1. fect. 2. c. 1. p. 5.

Hift. des fingularités naturelles d'Angleterre & d'Ecoffe par Mr. Childrey
p. 151. 269. & 294.

Relation universelle de l'Affrique, tom. & l. 1. ch. 10. sect. 1. tirés de la description du P. Pays, p. 330. & 331. & l. 2. ch 5. sect. 5. fort. Liceti hydrologia. p. 129. 130. & 131.

Voyage des Indes de Mandeslo, p. 384. Novus Orbis de Laet. lib. 5. cap. 17. p. 255. Boyle suspiciones Cosmices in 8. p. 41. Simonis Majoli dies caniculares colloq. 130. de Fontib. & Lacubus 174. 175. 177. 190. 213. 217. Sillogis. Memorabilium Rodolphi Camerarii, centuria 1. art. 46. & 47. naturalis & moralis Ind. Occident. hist. lib. 3. f. 110. pars. 8. Indiæ Occident. fol. 48. Georg. Agricola de causis, & ortu subterr. lib. 1. pag. 11. ubi de aquis è mari &c.

Ces voyes se rencontrent dans des trous ou enfoncemens du fond des cavernes ou concavités soûterraines ou submarines des mers inferieures, où les eaux sont comprimées par une impression directe de la faculté motrice centrale, & poussées aux côtés opposés à celui duquel vient la compression.

Ces trous ou enfoncemens prolongés par des fentes ou canaux qui se resserrent ou s'étrecissent d'autant plus qu'elles s'éloignent davantage de leur principe, sont enfin terminés à la superficie exterieure, & aux éminences des montagnes par de petites ouvertures.

Les eaux poussées & élevées jusqu'à ces ouvertures par les forces de cette faculté motrice inferieure, sortent de ces lieux éminens avec d'autant plus de facilité que les circulations de ces mers soûterraines, ou celles des autres élemens interieurs, les poussent du centre à la circonference.

Tous les corps dirigés par leurs mouvemens, concourent d'autant plus à leur élevation que la force motrice contraire; sçavoir, la gravité a moins d'entrée de ces bas endroits par la petitesse de leurs ou-

vertures ; & fes impreffions font d'autant
plus affoiblies au deffous , qu'elles font
plus étenduës & plus diffipées dans la largeur de ces fentes & de ces ouvertures ,
qui s'agrandiffent d'autant plus qu'elles approchent davantage du centre, & que la
faculté motrice qui y procede du même
centre , fe trouve dans la rencontre de celle
qui lui eft contraire , moins confommée
& plus renforcée qu'elle par la proximité
de fon principe.

La diminution du poids des eaux des
mers causée par la difpofition de leurs fels
dans les terres de leurs paffages , les rendans moins fufceptibles des impreffions de
la gravité , apporte en quelques endroits
de la facilité à leur élevation.

La portion des eaux repouffées des lieux
bas aux plus élevés , à laquelle l'étreciffement de ces voyes ou de ces fentes , n'a
pas permis de remonter jufques à ces ouvertures, fe repand dans les cavernes ou
concavités plus prochaines de la circonference exterieure qui font au deffus de la
region chaude de la terre.

De là elles ne peuvent être élevées qu'en
vapeurs , parce que ne rencontrans pas és
tems froids de l'Hyver dans les routes de
ces concavités le froid neceffaire pour la
reparation de leur denfité , elles ne peuvent plus faire la matiere des fources continuelles.

Elles font dans ces cavernes remplies
des exhalaifons de la region inferieure , la

matiere de plusieurs des meteores élevés en l'air au dessus de la superficie de la terre, sçavoir des pluyes , grêles & neges, dans lesquelles ces vapeurs condensées tombans subsequemment, grossissent les eaux des fleuves & des rivieres.

Les amas de tous les écoulemens dans les lieux profonds ou dans des cavernes ; & leur imbibition dans les terres , donnent la naissance aux sources & fontaines imparfaites & sujetes à tarir.

Ces eaux des sources à celles des pluyes élevées par ces manieres , & mises hors de la contrainte , qu'elles reçoivent par l'impulsion inferieure se rendans ensuite par les pentes de la superficie des terres , dans les rivieres & dans les fleuves , parviennent enfin dans les vastes concavitez des mers superieures.

Grande partie de la matiere qui fait le vase des mers , depuis le fonds de leurs vases , jusques à l'endroit de la superficie de leurs côtez auquel elles parviennent , étant un sable ouvert de plusieurs pores ou fissures , grande partie de leurs eaux se repandent dans les cavernes superieures ou inferieures à la region de leur chaleur située sous les terres voisines de leur continent.

Cette quantité des eaux qui passent sous les terres du continent par cette transcolation , n'a aucune proportion à l'abondance de celles qui entrent continuellement dans les mers par les embouchures de tant de

fleuves fi larges , fi profonds & fi rapides ,
qui raportent de toutes parts celles de
fources , & celles des pluyes ou des neges de quatre à cinq cens lieües ou d'une
plus grande étenduë de païs.

Mais la plus grande partie de ces eaux
qui s'infinüent par les côtez, paffant fous
la region chaude des terres (qui fe trouvent même dans les montagnes éloignées
beaucoup plus exhauffées que la fuperficie
des mers,) au lieu de pouvoir être élevée en vapeurs , eft neceffairement reper-
cutée & repouffée en bas par l'action
de la chaleur qui lui eft fuperieure.

Quant aux autres eaux qui s'infinüent
par les endroits des côtez des mers fuperieures jufques à la region chaude du continent , elles ne peuvent par leur quantité
ni par leur difpofition fournir qu'à un
nombre mediocre de fources , & à la petite quantité des vapeurs des païs voifins.

Confequemment la matiere proportionnée à la multitude des fources & à l'abondance des pluyes des regions auffi vaftes
que celles par lefquelles les differentes mers
font feparées , y doit accourir par des
voies d'une étenduë , & d'une difpofition
plus convenables , telles que font celles des
mers foûterraines & elle y doit être pouffée ou portée de ces lieux inferieurs aux
lieux élevés par une force fuffifante.

De ces lieux élevés elles defcendent fucceffivement par la compreffion de leur

gravité jufques aux fleuves & enfin dans
les mers, dont les fonds fe trouvent en
divers endroits percez par des gouffres,
par des concavitez ou par d'autres paffages d'autant plus étroits que leur pro-
gres les éloigne davantage de leur commencement.

Par cet étreciffement & refferrement les
forces de la gravité réünies, furmontent
reciproquement celles de la faculté qui
procede du centre dans les lieux dans lefquels elles ne font point renforcées par
aucune réünion ou dans lefquels elles font
affoiblies par leur confomption ou par
leur diffipation, ou bien dans ceux dans
lefquels elles font contrariées par les impreffions des autres élemens.

Les fonds inexplorables frequens dans
les mers & dans divers Lacs fituez fur
des montagnes qui ne reçoivent aucune
augmentation par les ruiffeaux qui y affluent continuellement ni par aucunes pluyes, & qui ne fouffrent aucunes diminutions par la chaleur & la fechereffe des
faifons ; le nombre des gouffres qui en-
gloutiffent leurs eaux, la multitude des
courans qui fe rendent au plus profond
des mers & aux concavitez fubmarines qui
font les termes de leurs cours ; les flux
& reflux de quelques mers fuperieures &
de quelques fontaines qui fe font dans
les tems oppofez à ceux des ordinaires,
font tout autant de marques convaincantes des diverfes correfpondances que les

mers & congregations interieures des eaux
& les exterieures confervent perpetuelle-
ment enfemble.

Ces obfervations démontrent évidemment la verité des voyes que les mers exterieures prennent pour fe repandre fous
toutes les terres du continent, & celle de la
force motrice qui éleve autant de leurs
eaux à l'origine des fources qu'elles en
reçoivent par les fleuves & par les pluyes,
ou autres meteores, laquelle force eft neceffaire pour maintenir un parfait équilibre entre toutes les eaux foûterraines, &
toutes celles qui paroiffent fur la fuperficie du Globe terreftre.

De la circulation des mers fuperieures & infe-
rieures, & de la circulation de leurs eaux
par les cours des Fontaines & des Fleuves.

Les mers fuperieures fe déchargent ainfi
par les entrées que leur donnent les ouvertures ou enfoncemens de leurs bords ou de
leurs fonds dans les cavernes foûterraines
du continent ou dans le fonds des concavitez des mers inferieures de toutes les eaux
que les fleuves, les rivieres ou les ruiffeaux,
les pluyes ou les neges leur apportent.

Ces refervoirs foûterains ou concavitez
des mers inferieures reçoivent inceffamment par ces voyes, toutes les matieres neceffaires pour fournir aux fources, aux
lacs, & aux vapeurs des lieux les plus
éloignez des mers fuperieures.

Par les voyes cy-devant expliquées des retours & reſtitutions reciproques des eaux des lieux ſuperieurs aux inferieurs, & des inferieurs aux ſuperieurs, en la même proportion qu'elles y accourent, procedent leur revolution, & leur circulation continuelles.

Par ces continuelles revolutions elles ſont retenuës dans leurs lits & dans leurs limites ordinaires, & maintenuës dans l'équilibre perpetuel neceſſaire à la conſervation de toutes les parties du Globe élementaire dans une parfaite diſpoſition.

Des differences des ſources.

Les differences des ſources dans leurs mouvemens & dans leurs qualitez, naiſſent de celles des lieux de leur origine ou de ceux de leur paſſage.

Des ſources qui n'ont aucune intermiſſion dans leur flux, & celles qui ont des flux & reflux conformes à ceux des mers & de celles qui les ont differentes.

La plus éloignée de leur origine eſt dans les fonds des endroits des mers ſuperieures, ou dans ceux des inferieures qui ſe trouvent par leurs diſpoſitions à l'abri des viciſſitudes ordinaires des flux & reflux ; & leur plus prochaine origine, eſt dans des terres ſpongieuſes, poreuſes, ou entrouvertes par des fentes.

Leur

Georg. Agricola de natura eorum quæ effluũt ex terr. lib. 3. pag. 128. 129. 130. 131. Joan. Zahn. in ſpecula phyſico matematico hiſtorica & autres.

Leur premiere origine se rencontre dans les endroits des mers superieures, sujets aux flux & reflux ordinaires, ou dans ceux des mers inferieures, sujets aux flux & reflux contraires aux ordinaires.

La multitude & la situation de celles qui sont sujettes aux mêmes vicissitudes & aux mêmes accidens des mers superieures, en démontrent clairement l'origine ; mais le plus grand nombre des sources qui tirent leur origine des mers inferieures, ou du fond des pleines mers superieures ou de quelques autres endroits de leurs côtes, dont l'uniformité de mouvemens n'est alterée par aucune des inégalités, ou contrarietés qui causent les flux & reflux, ne sont que peu ou point sujettes à de telles vicissitudes.

[a] Celles qui prennent origine des cavernes ou concavités qui ont des communications avec les endroits des mers superieures sujets aux vicissitudes des flux & reflux, dont elles reçoivent les eaux, suivent les impressions, intermissions, ou autres accidens des mouvemens de ces mers, & ont consequemment des flux & reflux conformes aux leurs.

[a] Baccius de Thermis, lib. 6. cap. 23. p. 343. & 344. Paulus Merula memorabil. l 3. c. 3. hist. orbis maritim. liv. 2. c. 42. novus orbis de Laet. l. 7. c. 5. Becheri phis. subterr. sect. 2. c. 1 p. 51. Gilberti Philosoph. nova, lib. 5. c. 20. fol. 313.

Kircherii mund. subterr. lib. 5. cap. 4. p. 182. Scot. Anatom. fontium, lib. 1. c. 1. q. 1. ex plurib. autorib. Majoli dies caniculares, colloq. 13. p. 182. *Iournal des Voyages de Monconis, p. 317. Cosmograph. de Thenet, liv. 7. ch. 14. fol. 234.*
Hist. naturelle d'Irlande de Girald Boete, sect. 3. fol. 103. Relation du Voyage d'Espagne, tom. 1 p 237. descrip. de l'Amerique de Denis, tom. 1. ch. 7. p. 190. Relation du Iappon de Fr. Caron, p 82. Ioan. Eusebii, hist. Natur. de mirabilib. Europæ, lib. 1. c. 61. & 62. fol. 409. nota que plusieurs de ces sources, fontaines, ou lacs, sont dans les lieux fort éloignés des mers, & même sur des montagnes & lieux fort élevés. Agricola aux lieux cités cy-devant.

G

b *Voyez les Auteurs cy-devant cités, Kircher mūd. sub. terr. tom. 1. l. 3. sect. c. 1. & o desquisit 10. p. 152. & sect. 3. c. 2. pag. 158. Iacques l'un ée des mouvemens de mers, fol. 2. Voyage des pays Septentrionaux de la Martiniert, pag. 11. & 16. tom. 1. de l'Affrique, suite de la 3. part. sect. 4. ch. 5. p. 35. Joan. Herbinius de cataractis Differt. 1. c. 1 c. 16. & Differt 2. c. 3.*

b Et celles qui ont leur principe dans les endroits des mers inferieures sujettes à des vicissitudes de flux & reflux contraires à celles des mers superieures, ont les vicissitudes de leurs mouvemens dans des tems opposés à ceux des mers superieures.

Ces conformités & difformités se rencontrent également dans les periodes journaliers, mensaux ou lunaires, semestres ou annuels de leurs flux & de leurs reflux; ce qui se doit entendre également de la multitude des Euripes ou Gouffres marins, qui ont les vicissitudes de leurs flux & reflux contraires à ceux de l'Ocean, referées par les susdits Zahn. & Zeigler audit lieu.

Le mouvement circulaire dans lequel ces mouvemens contraires sont souvent convertis, donne à la superficie des eaux qu'ils agitent une élevation ou une depression plus ou moins grande suivant leur proximité ou éloignement de la circonference ou du centre de la circulation.

Par de telles voyes les eaux sont au tems de ces circulations, autant abaissées dans les endroits prochains du centre de la circulation qu'elles sont élevées dans les plus prochains de la circonference, & les Lacs & Fontaines, * qui tirent leur origine des uns ou des autres de ces endroits, sont consequemment sujets aux mêmes differences dans les augmentations ou diminutions,

* *On ne peut pas tirer de la douceur des eaux des Fontaines, aucune induction contre*

eruptions ou regreſſions de leurs eaux. *leur origine des mers , puiſque les eaux qui s'é-*levent même dans les creux faits auprès de leurs bords, dépoſent *leurs ſels dans les terrains par leſquels elles s'inſinuent.*

Majol. dies caniculares colloq. 13. de fontib. Schot. lib. 1. c. 1. §. 2. p. 16. Andreas Baccius de Thermis , p. 90. & 95. Rob. Boyle de magnetib. teneſtrib. *Suite des Memoires de Mr. Bernier , p. 167. Relation du lappon de Fr Caron, p. 29.* Antigonus Cariſtius, c. 154. & 155. La minera del mundo del Bonardo , fol. 18. novus orbis de Laet. lib. 7. c 5. &c.

Il y a pluſieurs Fontaines , certains Lacs & certains courans , dont les changemens ne gardent point dans les intervales ou dans les differences de leurs cours les meſures des viciſſitudes des mouvemens des mers ſuperieures ni de celles des mouvemens des inferieures. *

** Les diverſes viciſſitudes de toutes ces Fontaines, dont les raiſons tirées de la mechanique n'ont pas été diſtinguées, ni expliquées en détail dans les endroits de l'Hiſtoire de l'Academie Royale des Sciences où il en eſt parlé ſc. au tôme de l'année 1703. p. 5. 64. & 65 ſont amplement & clairement expliquées, & diſtinguées dans les pages ſuivantes, mais ſi pour de telles explications, il faut (comme il eſt dit en la pag. 5. de ce tome) recourir à des ſuppoſitions , & à des hypotheſes aſſez violentes , & à des diſpoſitions trop exactes , & trop regulieres pour être naturelles , comment pourroit-on les apliquer vray-ſemblablement aux Fontaines dont les flux & reflux ſont conformes à ceux des mers, dont les ſources ſe trouvent ſur des montagnes tres-hautes & tres-éloignées des mers , telles que pluſieurs de celles dont le recüeil eſt mis à la fin de ce Traité , entre autres celle dont il eſt fait mention dans l'Hiſtoire Naturelle d'Irlande, ſect 3. fol. 103. de laquelle il eſt dit qu'elle eſt ſur une haute montagne èloignée de la mer.* In hybernja , in Comoglia fons eſt erumpens in montis cacumine longè à mari qui ſtatis temporibus ut mare ſingulis diebus æſtuat aquarum augmento & diminutione.

In comitatu d'Arbire dictus Tiſdnelel aquæ viſæ ſunt ſæpe aſcendere ut mare ſolet qui tamen 40 milliaria à mare diſtat. de ſimilib. fontib. Gilbert. in philoſophia nova.

Novus orbis ſeu deſcriptio Indiæ Occidentalis de Laet , l. 7. c 5. p 326. de fonte lympido eodem quo oceanus modo ſex horis creſcens & decreſces etſi à mare longiſſimè abſit. *Autres pareils dont les relations ſeront ci après referées. On ne peut donc rapporter les viciſſitudes de ces fontaines, qu'aux mêmes cauſes des flux & reflux des mers ; leſquelles il ſera demontré en ſon lieu, conſiſter principalement dans les deux facultés , ou principes contraires cy devant & cy après mentionnées , prévalans en divers tems & en divers lieux alternativement l'une à l'autre, ſuivant que les diſpoſitions , influences , & impreſſions des agens exterieurs & ſuperieurs , ont dans le cours de leur ſucceſſion plus ou moins de convenance & de proportion aux forces de l'une ou de l'autre.*

Ces fontaines, lacs & courans, prennent leurs mesures de la disposition particuliere des cavernes soûterraines desquelles elles tirent leur origine, & de la diverse
proportion des élemens qui y entrent, dont
les mouvemens se contrarient & se surmontent alternativement dans un tems plus ou
moins court.

Suivant cette diversité de la proportion
de leurs forces, ou de la diversité des aspects du Soleil, selon la difference des saisons & celle des jours, & des nuits.

La disposition particuliere de ces cavernes plus ou moins grandes & profondes,
consiste dans la situation des ouvertures du
dedans de ces cavernes & de celles de leurs
dehors, par lesquels les eaux ni l'air qu'elles contiennent ne peuvent prendre leur issuë du dedans au dehors, que lors que la
superficie des eaux a été élevée à une certaine hauteur par leur accroissement ou par
l'impetuosité de leur chute ou par la compression de l'air superieur ou par celle des
vents qui y affluent.

Par ces circonstances l'effort de la gravité qui pousse les eaux au fonds de la concavité, étant surmontée, les eaux montent
par l'entrée de ces ouvertures, qui sont au
dedans de ces cavernes, & descendent par
la sortie du dehors de ces ouvertures jusqu'à
ce que cette contrainte ou compression des
eaux & de l'air étant affoiblie par leur érup-
tion, leur niveau est abaissé par leur gravité au dessous de ces ouvertures interieures

par lesquelles l'air & les vens ont alors la
liberté de leur issuë.

Cette issuë leur étant derechef ôtée par
le réhauffement & le retour des eaux, à la
même hauteur de leur superficie, au moyen de celles qui y entrent continuellement,
l'air souffrant derechef une condensation &
une compression violente dans ces concavitez par le réhauffement des eaux, & par
la continuation des vens qui y soufflent, dont
le paffage du dedans au dehors est rebou-
ché, surmonte enfin comme auparavant,
l'éfort de la gravité par celui qu'il fait,
pour recouvrer son étenduë naturelle, juf-
qu'à ce que sa force soit reduite par l'éru-
ption des eaux & des vens du dedans au
dehors à un degré moindre que celui de la
gravité.

C'est à cette viciffitude continuelle dans
laquelle les forces de la gravité & celles
de la compreffion des eaux ou extenfion de
l'air, prévalent alternativement dans un
tems proportionné en sa durée, à la grandeur des cavernes, & à la plus ou moins
prompte affluence des eaux & des vens,
qu'est regulierement conformée celle des
cours de ces Fontaines; ce qui fait que lorfque la viciffitude de ces caufes, reçoit du
changement & de l'alteration par la diverfité des tems & des faifons; celle de ces
cours qui en font les effets, en reçoivent
neceffairement à la même proportion.

La fituation & la figure des ouvertures
de ces concavités, ou cavernes par lef-

quelles les eaux de ces Fontaines intermit-
tentes, prennent leurs iſſuës dans les intervalles qui leur conviennent, ſont de
deux ſortes; l'une eſt de ces ouvertures
qui ſont baſſes au dedans de ces concavitez, & hautes au dehors, ſans qu'elles
ayent que peu ou point d'inflexion, ou
qu'il leur ſoit neceſſaire d'en avoir pour
la ſucceſſion & pour l'interruption de leur
cours, telles que ſont celles aux intermiſſions deſquelles concourent les alternations,
cy-devant écrites des forces de la gravité &
de la compreſſion des eaux.

L'autre ſorte eſt des ouvertures, ou canaux d'une concavité recourbée en ſyphon
dont l'entrée eſt plus élevée au dedans que
la ſortie ne l'eſt au dehors, & dont la capacité peut donner iſſuë à une quantité
d'eau bien plus grande que celle qui y entre par l'affluence continuelle de la ſource.

Dans cette diſpoſition de ces ouvertures
le cours de ces Fontaines peut avoir au dehors des intermiſſions, des ceſſations, &
des repriſes par des intervalles de tems proportionnés à la grandeur de ces cavernes,
& à la difference qui ſe rencontre entre la
quantité des eaux que ces ſources apportent à ces concavités, & à celles qui en
ſortent par ces ouvertures dans les tems de
leurs écoulemens.

Ces écoulemens commencent délors que
le niveau des eaux qui a été au deſſous de
l'entrée de ces ouvertures, eſt élevé par

leur accroiſſement à une hauteur qui ſurpaſſe celle du ſommet de ces ouvertures re-
courbées.

Par cet écoulement d'une quantité d'eau
plus grande que celle qui revient au dedans de ces cavernes le niveau de leurs
eaux ſucceſſivement abbaiſſé au deſſous de
l'entrée de ces ouvertures, eſt ſeparée par
l'interpoſition de l'air de celles qui mon-
toient par ces mêmes ouvertures.

Alors ces eaux retombans dans la caver-
ne par la gravité, ceſſent de ſuivre celles
qui fluoient au dehors, & de fournir à leurs
cours juſques à ce qu'elles ſoient derechef
remontées par leur accroiſſement à une
hauteur qui ſurpaſſe celle du ſommet de
ces ouvertures, dans lequel inſtant elles
recommencent à monter par le dedans &
refluer par le dehors.

Ces abaiſſemens & exhauſſemens du niveau de ces eaux ſe faiſans dans une ſucceſſion perpetuelle, les ceſſations & les
retours de leurs flux ſe ſuccedent continuellement ; mais les mêmes effets pou-
vans proceder de differentes cauſes, les
differences des durées des intermiſſions &
des retours des cours de toutes ces Fontaines, peuvent auſſi provenir de la plus ou
moins grande circulation dont les eaux des
cavernes deſquelles elles prennent origine,
ſont agitées.

On peut comparer ces circulations à celles des diverſes roües d'un horloge, dont la
revolution eſt d'autant plûtôt achevée qu'-

elles font plus petites ; & fi ces roües étoient d'une figure concave, & qu'il tombât de l'eau peu à peu, ou goutte à goutte dans leur concavité, elles ne jetteroient leurs eaux au dehors, que lorfque le niveau en feroit monté à une certaine hauteur.

Les inégalités & les irrégularités des viciffitudes ou alternations des autres Fontaines dans le cours de leurs eaux, & dans leur temperament en chaleur, froideur, ou autres accidens, dans lefquelles alternations elles ne gardent de rapport qu'à la difference des tems ou des faifons, ou à celle des pluyes ou à celle de la direction ou declinaifon des rayons du Soleil, à fa préfence ou abfence, proximité ou éloignement, fuivant la diverfité des folftices ou des équinoxes, ou fuivant celle des jours ou des nuits, ou des heures de l'un ou de l'autre, ou fuivant la difference des états, tems & fituations de la Lune ou des autres Aftres, doivent être referées aux caufes, aux circonftances defquelles la varieté de leurs accidens correfpondent.

Et le long intervalle de quelques-autres, dont les intermiffions font de plufieurs mois ou de plufieurs années, doit ou peut être referé à la grandeur des cavernes & à la petite quantité des eaux qui y accourent pour le recueil fuffifant defquelles il faut un efpace de tems auffi long.

La nouveauté de quelques Lacs & de quelques autres Fontaines, & les abondances ou cours des eaux extraordinaires fe doivent rapporter à des changemens nouveaux des difpofitions & des proportions de deux facultés motrices contraires, & aux nouveaux chemins ou paffages qui ont été ouverts aux eaux pouffées par la faculté motrice qui vient du centre.

La plûpart des fources laiffent les qualités qu'elles ont reçûës des mers dans les terres, dans les fables ou autres corps propres à les retenir, qu'ils rencontrent dans leurs paffages aux cavernes foûterraines ou dans leurs élevations aux fources.

Quelques autres fources paffans par des lieux qui n'ont pas les mêmes proprietés, rapportent leurs falures ou autres qualités des mers, dont elles tirent leur origine jufques au plus haut des lieux aufquels elles font élevées.

Les eaux minerales rapportent au dehors les accidens, les qualités, & les efprits qu'elles contractent dans leurs paffages ou dans les refervoirs dans lefquels elles étoient contenuës.

Ces varietés de difpofitions & de circonftances des cavernes des eaux, des tems, des faifons, des vents, de l'air, des vapeurs, ou des exhalaifons, des paffages, des terres, des refervoirs & des iffuës, découvrent toutes les caufes des varietés, des intermiffions & des autres mouvemens, changemens & qualités, de toutes les fources.

Baccius de Thermis, lib. 1.c.23. Georg. Agricola, lib. 2.de caufis & ortu fubterr. eorum, p.32.

CHAPITRE IV.

Des signes de la constitution interieure du Globe terrestre tirés des accidens de l'air.

LEs eaux répanduës dans la concavité generale du Globe terrestre, répoussées à la circonference par la faculté motrice qui procede du centre, jusqu'à ce que leur contre-poids soit reduit à une juste proportion & à un parfait équilibre avec le poids des eaux superieures poussées au centre par leur gravité, laissent necessairement un grand vuide dans la profondeur du Globe terrestre.

De la communication de l'air interieur du Globe terrestre avec l'air exterieur.

Annotatio-nes Federici Bonaventuræ in librũ Theophrasti de pluviarum signis pag. 314. n. 15. aër spiritufque qui in terræ visceribus est, motus & pulsus meatus terræ peneträs. Item, pag. seq. 315.

L'air superieur trouvant plusieurs ouvertures & passages dans les parties de la terre ausquelles la secheresse naturelle & la multitude des pores, ne laissent que peu ou point de continuité, ni d'union, descend necessairement dans ces concavités interieures, par l'éfort de sa gravité qui surmonte celui de la faculté motrice qui vient du centre, jusqu'à ce que la quantité de l'air introduit dans ces concavités interieures, puisse faire par l'impression reçûë de la faculté motrice centrale, un contre-poids ſuffiſant & proportionné au poids que la gravité imprime à l'air ſuperieur.

Des marques du temperament de l'air interieur.

Toutes les marques de la diſpoſition, conſtitution, temperament, mouvemens & autres accidens de l'air interieur, & les cauſes de toutes les affections de l'air exterieur, ſe trouvent dans les correſpondances des parties des regions de ces deux Spheres d'air aux endroits de leurs communications reciproques, & dans la conformation de leurs qualités à celles des autres élemens, leſquelles elles contractent dans leurs paſſages par leurs mêlanges, leur adherence ou leur contiguité.

Le diſcours ſur quelques proprietés de l'air, fait par Mr. Amontons, raporté dans l'hiſtoire de l'Academie Royale des Sciences de l'année 1702. pag. 155. & ſuivantes de la 2. part. fournit de grands éclairciſſemens à ce qui en eſt dit en ce Chapitre, & à tout ce qui eſt établi dans les autres, de l'ordre & diſpoſition de tous les élemens, les obſervations & demonſtrations qui y ſont faites de l'augmentation exceſſive de la gravité de l'air, au cas qu'elle ſuive la proportion de ſes aproches, & proximité du centre de la terre confirme par une voye particuliere deux points eſſentiels de ce Traité : Le premier eſt que paſſé une certaine profondeur du Globe terreſtre, les corps les plus peſans ſeroient pouſſés en haut par un air plus condenſé & plus appeſanti. Le 2. point, eſt la neceſſité d'une cauſe interieure, laquelle paſſé un certain endroit, & au delà d'une certaine profondeur, reduiſe par la rarefaction ce poids de l'air à la proportion requiſe à ſon entrée & paſſage, par les ouvertures & pores de la terre en la quantité convenable à ſa liaiſon & mixtion avec les autres élemens, leſquelles ſe faiſans dans toutes les parties interieures de ce Globe terreſtre ne peuvent être referées qu'à l'action d'une cauſe commune, qui ne peut être convenablement placée qu'en un lieu commun & équidiſtant de toutes ſes parties qu'eſt le point & les environs du centre, & laquelle cauſe ne ſçauroit être autre choſe qu'un feu central.

Dans cette correſpondance entretenuë par la proportion du poids & du contrepoids dans laquelle conſiſte l'équilibre de ces deux airs, les parties de l'air interieur s'approchent d'autant plus prés des terres & des eaux interieures qu'elles font plus groffieres & plus denfes, & s'en éloignent d'autant plus par leur mouvement, tendant au centre qu'elles font plus rares & plus fubtiles, & qu'elles participent davantage des qualités du feu mêlé par la nature dans l'élement de l'air, ainfi qu'il l'eft dans les autres élemens.

Tout ce qui fe détache par le flux & reflux ordinaire & naturel à l'agilité de ces particules ignées, peu ou point pouffé à la circonference, par le principe du mouvement qui refide au centre, eft reduit aux environs du centre.

Les marques qui fe trouvent dans l'air exterieur des difpofitions, conftitution & mouvement de l'air inferieur confiftent.

I. Dans la temperature de toutes les regions de l'air fuperieure, & dans la demonftration des caufes de cette temperature.

II. Dans la temperature de l'air que l'on rencontre dans les cavernes & dans les concavités des profondes mines.

III. Dans la variation & changement du poids de l'air fuperieur.

IV. Dans la nature des vapeurs, des exhalaifons, ou des autres fubftances qui fe trouvent mêlées dans l'air fuperieur & dans celui des cavernes ou concavités.

V. Dans tous les mouvemens ordinaires & reglés extraordinaires & déreglés de cet élement.

ARTICLE I.

De la proportion de l'air exterieur avec l'inte-
terieur en densité, rarité & temperature.

LEs proportions de l'air interieur & de
l'air exterieur dans leur rarité & dans
leur densité, subtilité & obtusité font la
même distinction de regions dans l'un que
dans l'autre & la correspondance que les
diverses regions de l'un gardent necessairement avec les diverses regions de l'autre,
dans leur temperament, de même que
dans la disposition de leurs matieres, démontre suivant le même ordre le temperament de l'un par le temperament de
l'autre.

Le corps de l'air est comme celui de
l'eau & de la terre indifferent de sa nature à la chaleur & à la froideur, & participe plus ou moins de l'une ou de l'autre
de ces qualitez suivant le mêlange, ou
suivant les impressions des esprits, ou des
substances étrangeres, ou suivant la privation ou cessation de ce mêlange, & de celles de ces impressions.

C'est par cette raison qu'en Esté ou dans
les tems & lieux dans lesquels le Soleil
agissant fortement sur les terres en ouvre
tellement les pores que les exhalaisons chaudes auparavant resserrées par la cloture de
ses pores, en sortent abondamment.

Homerus &
Plato loco
phædonis su-
pra citato, in
hunc hiatum
omnia con-
fluunt flumi-
na atque inde
rursus effluunt
subsequenter.
idemque facit
aër seu spiri-
tus qui circa
ipsū versatur,
& ut Salomo
dicit:in circui-
tu pergit spi-
ritus, & in
circulos suos
revertitur.

Il se fait par cette voye un conflict dans la basse region de l'air exterieur avec les qualités ou émanations solaires, par lesquelles l'air exterieur est fort échauffé, & l'interieur fort rafraichi à cause de l'évasion qui se fait en même tems de ces exhalaisons des lieux soûterrains.

Le contraire arrive en Hiver & dans les tems & lieux froids dans lesquels l'activité du Soleil ne donnant aucune ouverture aux pores des terres, la basse region de l'air n'en peut pas recevoir des exhalaisons qui puissent exciter que peu ou point de chaleur par leur conflict avec les rayons du Soleil.

Ces exhalaisons ne trouvant alors que peu ou point d'issuë dans les cavernes ou lieux soûterrains, où elles s'accumulent par une affluence continuelle, y échauffent l'air par leur chaleur naturelle, ou par celle de leur effervescence.

De la froideur de la moyenne region de l'air.

Ces exhalaisons chaudes de leur nature ou propres à exciter la chaleur, ayant leur principe dans la profondeur des terres, font d'autant moins abondantes qu'elles s'élevent davantage, & font consequemment beaucoup plus rares & moins frequentes sur les montagnes & dans la moyenne region de l'air que dans l'inferieure.

Ces mêmes exhalaisons communiquent leur chaleur dans les vallées, ou l'y exci-

tent par une effervefcence qui ne peut pas
fe faire dans un air de la pureté de celui
de la moyenne region, qui eft auffi grand
fous la Zone torride que fous les autres,
dans toutes lefquelles Zones cette pureté
rend l'air des plus hautes montagnes également froid & fubtil.

ARTICLE II.

Du temperament de l'air des lieux foûterrains.

C'Eft par l'épuifement que fait la force
de l'activité du Soleil de ces exhalaifons chaudes dans les pays les plus chauds,
tel qu'eft celui du Perou, & par le défaut
de cette effervefcence, qu'en defcendant
aux mines des métaux l'on rencontre un
long trajet d'un froid infupportable.

Ce froid ne fe termine qu'auprés de
leur fonds, où les exhalaifons frequentes
& abondantes par la proximité de leur principe, échauffent l'air par leur chaleur naturelle ou par celle de l'effervefcence qu'-
elles font avec les efprits ou avec les émanations terreftres, dont l'air de ces baffes
regions eft rempli.

Cet air du fond de ces mines conçoit par
ces raifons d'autant plus de chaleur que
leur profondeur approche davantage du
principe de ces exhalaifons.

Mais la propagation de ces exhalaifons

Georg. Agri-
cola de natura
eorum quæ
effluunt è ter-
ra, lib. 4. pag.
144. aër om-
nem locum
fubterraneum
ab aliis ele-
mentis & ex-
halationib. va-
cuum fua mo-
le complet,
fimplex non
eft ; fi diu fte-
terit conclu-
fus in caverna
putrefcit aquæ
inftar, in aëre
fubterraneo
exiftit varie-
tas frigoris,
caloris, humo-
ris, & ficci-
tatis, &c.

& de cette chaleur ne peuvent par les mêmes raiſons s'étendre dans les regions inferieures des terres, des eaux & de l'air,
dans leſquelles domine la faculté motrice
centrale, que ſuivant les mêmes proportions dans leſquelles elles ſe repandent dans
les regions ſuperieures de ces élemens.

Il eſt par là aiſé de conclure que l'air
groſſier & impur enfermé dans les cavernes prochaines de la concavité generale,
contingu & prochain de la ſuperficie interieure de cette grande concavité & que
l'air pur de cette même concavité dont la
region eſt autant éloignée de ſa ſuperficie
interne & convexe que la moyenne region
de l'air ſuperieur, l'eſt de la ſuperficie convexe du Globe de la terre, ſe correſpon-
dent ſuivant les mêmes circonſtances par
de ſemblables diſpoſitions & par de pareilles qualitez.

Federici Bonaventuræ annotationes in opuſculum Theophraſti de ventorum ſignis, p.344. montium ſonitus locorum quibus cavernæ inſunt vētos magis mōſtrare ſolet, exemplum ex Ariſtotele in Vulcani inſulis.
Fabius Paduanus de ventorum cauſis, c.
3. pag.8. quidam ex antiquioribus aſſignarunt cauſas ventorum & motus aëris in abyſſo profundiſſima terræ.

Juxta hanc loca cavernoſa ſunt & ſpeluncæ latè patentes ; ex his igitur venti.

Jeremia, cap. 10. educens (ſc. Deus) ventum de theſauris ſuis, *David* pſ.147. flabit ſpiritus ejus & fluent aquæ F. Baco locis citatis G. Agricola, l.3. p.37. cavernæ quibus maria ſuſtinentur.

ARTIC.

ARTICLE III.

*Des signes du changement & variation du
poids de l'air superieur.*

L'Effet de la gravité sur l'air superieur est diminué ou affoibli comme il l'est sur les eaux, suivant que celui de la faculté motrice centrale est renforcé ou moins empêché, à cause des impressions qui lui sont conformes, lesquelles sont opposées à celles de la gravité.

Federici Bonaventuræ de causa ventorū motus peripatetica disceptatio, ubi de consensu Aristotelis & Theophrasti.c. 48. pag. 185. sub finē : Aër natus est fieri gravis & levis, est enim ferè aër medium quoddam corpus inter gravia, & levia ut esse utrumque videatur, &c.

Hinc fit (inquit) ut non tantum sursum & deorsum, sed ut acutè Cardinal. Contarenus p. de elementis, in latus quoque feratur.

Ejusdem Autoris annotationes in opusculum Theophrasti de ventorum signis p.393. Infrigidato aëre externo pellitur spiritus ad interiora,qui internum aërem & concavitatum latera verberat, &c.

Les impressions qui sont faites à l'air par les vents sont de cette espece, & soit que leur mouvement se fasse circulairement autour des parties convexes de la moyenne region de l'air, soit qu'il se fasse par des lignes tangeantes de sa convexité, les parties de l'air s'éloignent d'autant plus du centre de la circulation qu'elles sont plus fortement rejettées à la circonference ou au dehors de la circonference.

Les mouvemens de bas en haut des exhalaisons & des vapeurs communiquant leurs impressions à l'air dans lequel elles montent, renforcent de même d'autant plus cette faculté motrice centrale, qu'ils affoibliffent la gravité, & les pluyes, les grêles, & les neges, laiffans les efpaces vuides qu'elles occupoient dans la moyenne region de l'air, celui d'en bas exclus par leur chute du lieu qui le contenoit, s'éleve des côtez du centre, à ceux de la circonference, & communique cette inclination autant oppofée à la gravité qu'elle eft conforme à la faculté motrice centrale, à toutes les autres parties de l'air qu'il rencontre dans fon trajet.

Raifon de la diminution du poids de l'air lorfque le tems fe couvre de nuages.

C'eft dans ces impreffions contraires à celles de la gravité que l'on trouve les raifons de la diminution obfervée du poids de l'air dans les tems qui fe couvrent, & qui fe changent en vapeurs & en ceux des pluyes & des vents.

Les vents font à l'égard des regions fuperieures, & inferieures de l'air, ce que les pluyes, & les neges, les fources, les rivieres, & les fleuves, les courans, & les mouvemens des eaux font à l'égard des mers.

ARTICLE IV.

Des vapeurs & des exhalaifons, & leurs confequences dans la compofition des vents.

Theophraftus de ventis, & de fignis pluviarum & tempeftatum.

LA matiere des vents qui font comme les pluyes, les neges, & la grêle, des veritables meteores, confifte dans tous les corps propres à se rarefier & à se dissiper dans les regions de l'air en des vapeurs & en des exhalaisons differentes & abondantes, qui sont plus ou moins fortes & actives, subtiles, & penetrantes, suivant la nature ou la disposition des corps desquels elles fluent, ou suivant l'espece de la fermentation excitée par le conflict de celles dont les qualités sont differentes ou opposées.

Par de telles affections elles conçoivent de grands mouvemens qu'elles communiquent à toute la masse de l'air dans laquelle elles sont dispersées.

Ces matieres des vapeurs & des exhalaisons s'accumulent par leur abord, audessus de la region de la chaleur soûterraine, par l'action de laquelle seule ou aidée de celle du Soleil ou de celle des influences de la Lune, étant resoluës & rarefiées elles s'ouvrent des passages dans la terre, ou transpirent par ses pores.

Lorsque les amas de ces matieres se trouvent enfermez dans les nuës au travers desquelles elles se font par la violence de la rarefaction des ouvertures, elles prennent leurs cours aux côtez dans lesquels l'élevation des lieux leur fait moins de resistance ou dans lesquels l'air se trouve plus disposé à les recevoir & à se retirer ou condenser pour leur faire place.

Ces matieres des vents se font aussi souvent par l'impetuosité qu'elles ont conçuës des ouvertures & des chemins de toutes

H ij

Et Federic. Bonaventura supra eum plurimis locis.

Idem de causa ventorů motus, c 40. pag. 155. ventus est multitudo exhalationis è terrâ ascendentis, & cap. 39. p. 151. exhalatio à frigore pulsâ in terram cõ migrat.

parts par lesquelles elles se répandent dans
tous les environs de l'air dans lesquels elles trouvent de pareilles dispositions à les
recevoir, ou dans lesquels elles ne trouvent
pas une resistance suffisante pour les retenir.

Les vents produits par ces voies sont
successivement sujets à divers changemens
& à se combatre quelquefois, suivant les
differentes dispositions, alterations, &
contrarietez des exhalaisons qui font leurs
matieres, & suivant les directions, inflec-
tions, reflections, refractions, diversions,
& conversions, qu'ils reçoivent ou qu'ils
souffrent des milieux dans lesquels ils s'é-
tendent.

Tous ces mouvemens sont prolongez
dans une plus ou moins grande distance
avec plus ou moins de violence & pendant
un tems plus long ou plus court, suivant
la quantité & qualité de ces matieres, suivant la force de l'activité des agens, & suivant les diverses dispositions & resistances
des milieux.

Le correspondances de toutes les regions superieures des terres, des eaux, &
des airs, aux regions inferieures des mêmes élemens, fait connoître que les mêmes meteores qui se voyent dans les uns,
arrivent aux autres dans la rencontre des
matieres des mêmes natures qui se trouvent dans les mêmes dispositions & dans
les mêmes circonstances.

ARTICLE V.

*De tous les mouvemens ordinaires, & regles
extraordinaires, & des regles de l'air
& des vents.*

LEs qualitez dans lesquelles l'eau &
l'air simbolisent, & leur contiguité,
font voir que les vents sont à l'égard des
regions de l'air, ce que les sources, les
rivieres, les fleuves, les courans, & les
mouvemens generaux des eaux, sont à l'é-
gard des mers.

Les causes qui mettent en mouvement
les matieres dont les vents sont composez
sont differentes, les unes sont propres à la
region de l'air, telles que sont la chaleur
& la froideur ou les principes, dont par-
tent ces qualitez par lesquelles l'air & les
exhalaisons dont il est rempli conçoivent
des mouvemens de rarefaction, ou de condensation, & les autres sont communes à
cet élement & à celles qui agissent sur les
mers.

Les regions superieures de l'air reçoivent comme les mers les impressions des
mêmes causes suivant les proportions &
suivant les differences de leur nature, &
suivant la diversité de leurs circonstances,
selon lesquelles ces deux élemens se les
communiquent reciproquement dans leur
mélange ou dans leur contiguité.

H iij

Federic. Bona-
ventura de
causa vento-
rum motus se-
cundũ Theo-
phrast. cap. 41.
pag. 157. ven-
tos oriri ut
amnium fon-
tes Item, Ho-
merus, & Pla-
to supracitato
loco, lib. 29.

Les regions de l'air superieur gardent suivant ces proportions avec les regions de l'air inferieur , toutes les correspondances , & toutes les differences dans leurs mouvemens , que les mers superieures & inferieures entretiennent continuellement ensemble.

Les mouvemens generaux & climatiques, ausquels l'air est sujet sous la Zone torride, sous les Zones temperées , & sous les froides , sont conformes à ceux des mers.

Ils se reconnoissent également par leurs effets , dans les navigations qui se font en beaucoup moins de tems sous la Zone torride d'Orient en Occident , que d'Occident en Orient , ce qui arrive tout au contraire sous les Zones temperées.

Ces mouvemens se rendent même sensibles,lors qu'ils ne sont point assoupis ou surmontez par une plus grande force des vents particuliers des lieux.

Les mouvemens climatiques de l'air des Zones froides & des lieux prochains des Polés , sont sujets aux mêmes alternations que les mers des mêmes climats & à des troubles & interruptions comme le sont les mouvemens generaux par les vents particuliers des mers & des terres.

Mais les grandes rarefactions & condensations que les regions de l'air exterieur & les matieres subtiles dont elles sont mêlées , souffrent bien plus d'alterations que les eaux par la presence ou par les approches , l'absence ou l'éloignement du Soleil.

Cet Aſtre les fait épandre en de longs eſpaces ou reſtraindre en de fort étroits, & contraint les airs exterieurs des diverſes contrées à des mouvemens reciproques par leſquels l'un ſe rend dans l'endroit que l'autre lui abandonne, ſuivant les differentes ſituations de ce même Aſtre dans la diverſité des ſaiſons, ou ſuivant celles des jours, & des nuits, ſoit que les matieres & les qualitez interieures excitées ou reprimées par cet Aſtre concourent ou non à ces mouvemens.

Quoyque l'air des regions ſuperieures aux montagnes, & celui qui tient le deſſus des mers ſoit agité par les mêmes cauſes que les eaux des mers, néanmoins la vaſte étenduë dans laquelle ſon mouvement eſt diſſipé ſans aucun lit ni concavité qui renferme ou qui réüniſſe ſes forces, & ſans aucun bord qui dirige ſes impreſſions, le rend tres-peu ou point ſenſible dans les endroits dans leſquels il n'eſt point renforcé par ſa contiguité à quelques mers au deſſus deſquelles ſon impreſſion ordinaire ne ſoit point détruite par d'autres plus fortes.

Comme par le défaut de pareilles circonſtances les mouvemens des flux, reflux & courans des mers ſi ſenſibles dans leurs côtez & dans leurs détroits, ne le ſont pas dans les pleines mers, ceux de l'air le peuvent encore moins être dans la vaſte étenduë de ſes regions ſuperieures.

Des proportions des vents & mouvemens de l'air exterieur avec ceux de l'air interieur, & de leurs differences.

Les proportions de tous ces mouvemens sont gardez dans les regions de l'air inferieur qui correspondent à celles de l'air superieur, avec les mêmes differences cy-devant observées dans les mers.

Federic. Bonaventura de causa ventorum motus, secūdū Theophrastum, cap. 36. pag 143. ibi de principiorum libramento, & æquilibrio exhalationum, & cap. 39. p. 152. ubi de symmetria principiorum exhalationem componentium, & cap. 41. p. 158. cap. 42. pag. 159. de necessitate æquilibrii principiorum, & aeris circum. ductione. Item cap. 44. pag. 167. & pag. 171. cap. 46. pag. 172. ubi de iis quæ leguntur, cap. 18. beatissimi Job, qui fecit ventis pondus & aquas appendit, in mensura eodem cap. pag. 175. & 176. ex R. Salomonis commentariis fecisse Deum ventis libramentum juxta vim seu potentiam ipsius terræ. Item, cap. 47. pag. 178. & 179. quæ omnia referri possunt ad prædicta Platonis, & Homeri. Omnia sursum deorsumque ferri veluti vase pensili quodam in terra posito, atque ita librato, ut utrimque vicissim inclinet atque attollat, & subsequenter idem facit aër & spiritus qui circa versatur, &c. juxta verba Sapientiæ, cap. 11. dispergi per spiritum virtutis ejus, sc. Dei, qui omnia in mensura, numero & pondere disposuit.....quoniam tamquam momentum stateræ sic est ante eum orbis terrarum.

L'une de ces differences est entre les forces des mouvemens d'Orient en Occident, & celles des mouvemens d'Occident en Orient.

Celles du premier de ces mouvemens prevalent beaucoup plus à celui d'Occident en Orient, sur l'air qui est au dessus des mers superieures situées sous la Zone torride, que sur l'air contigu aux mers inferieures situées sous les mêmes Zones sur lesquelles les forces de son contraire prevalent d'autant plus qu'il est plus prés de son principe.

L'autre difference fe rencontre dans les mouvemens climatiques des airs fuperieurs aux terres ou aux mers des Zones froides, ou Polaires, dont ceux qui viennent des Poles dénotent dans l'air comme dans les eaux des regions inferieures, le mouvement tendant aux Poles, & le mouvement de l'air des regions fuperieures aux côtez des Poles, démontre le mouvement de l'air des regions inferieures aux côtez oppofez aux Poles.

Les vents aufquels font fujets plufieurs contrées des terres & des mers, lefquels font dans l'air, ce que les courans font dans les mers, reçoivent plufieurs differences, fuivant lefquelles ils font referez à diverfes caufes, dont les unes font prochaines & les autres font plus éloignées.

Ces differences des vents confiftent dans la diverfité des circonftances, des tems & des lieux, & dans celles de leurs cours.

Il y en a d'anniverfaires, continuels ou feulement fujets à des petites interruptions; Il y en a de femeftres, d'autres trimeftres, d'autres journaliers, & quelques-uns qui ne foufflent qu'à certaines heures, il y en a dont le cours eft d'Orient en Occident, d'autres dont il eft d'Occident en Orient, d'autres du Midy au Septentrion, & d'autres du Septentrion au Midy, & d'autres qui font mêlez ou compofez de ceux là, ou qui font moindres entre-eux.

De toutes ces fortes il y en a qui font changeans & convertis en d'autres tems ou en d'autres faifons en leurs contraires, dont le cours eft d'une durée & d'une éten-duë égale, moindre ou plus grande, il y en a dont les cours font conformes à ceux des courans des mers & d'autres qui font differens ou qui leur font contraires ; il y en a qui fe conforment au cours du Soleil, & d'autres qui fe conforment à celui de la Lune, les uns commencent & font ordi-naires à certains païs ou à certaines mers, & d'autres font propres à d'autres païs & à d'autres mers.

Les caufes des vents anniverfaires & con-tinuels de certains lieux des terres & des mers, qui ne font que peu ou point fujets aux mouvemens generaux ni aux climati-ques, fe rencontrent dans les differentes proportions des forces du poids de l'air fu-perieur, & de celles du contre-poids de l'air des concavitez inferieures, par lefquel-les differences ils prevalent l'un à l'autre dans des differens endroits.

Ces differences confiftent dans la diver-fité de leurs entrées, dans celle de leurs voies & de leurs autres circonftances, au moyen defquelles les forces des impreffions de la gravité par lefquelles l'air des regions fuperieures eft pouffé en bas, & celles de la faculté motrice centrale par lefquelles l'air des concavitez foûterraines eft pouffé en haut, font alternativement réünies & au-gmentées.

Au moyen de ces caufes & de ces circon-ftances, ces impreffions contraires faifans alternativement prévaloir dans ces differens endroits le poids des airs superieurs & le contre-poids des airs inferieurs , il se fait par les ascensions des uns & les descensions des autres , des communications continuelles entre-eux , pareilles à celles qui se font entre les eaux des regions superieures , & celles des concavitez soûterraines , dont procede la circulation perpetuelle des eaux des mers aux sources & des eaux des sources aux mers , & c'est d'une circulation des airs pareilles à celle des eaux que prennent leur origine les flux des vents continuels ou anniversaires de certains lieux.

Cette cause generale concourt avec diverses autres causes plus particulieres à la generation , aux progressions , & modifications de tous les autres vents.

Les causes particulietes & prochaines des vents semestres & trimestres se rencontrent dans la constriction violente de l'air qui se fait és lieux soûterrains des grandes contrées , lors que tous les pores du dehors sont reserrés par le froid de la saison.

L'air de ces lieux se trouve alors rempli des vapeurs & des exhalaisons qui y sont montées abondamment des lieux inferieurs, lesquelles sont ensuite échauffées & excitées à une grande rarefaction , par leur conflit lors que les pores de ces lieux soûterrains étans ouverts par les approches du Soleil dans les tems & dans les saisons qui succedent, donnent une issuë libre à cet amas d'air , de vapeurs , & d'exhalaisons.

C'eſt par ces moyens & par ces voies,
que les amas de ces matieres diſſipées en
ſouffle & en vent, affluent inceſſamment ou
par petits intervalles aux côtez vers leſquels ils trouvent moins de reſiſtance ,
avec une force & dans un tems & par un
eſpace proportionné à la quantité & à la
qualité des matieres contraintes & congré-
gées & à la violence qu'elles ont ſouffer-
tes , juſqu'à ce-qu'elles ayent repris l'exten-
ſion convenable à leur nature , à la chaleur qu'elles ont conçûë , & à celle qui
leur doit reſter aprés l'évaſion de la ſura-
bondance de ces exhalaiſons.

Mais lors que l'air de ces lieux ſoûterrains
évacué & épuiſé par la rarefaction exceſſive qui en a été faite par le concours de la
chaleur interieure des concavitez ſoûterraines , les cauſes de ſon extrême rarefaction ceſſans par l'éloignement du Soleil dans
ſon retour aux autres climats , & par l'é-
vacuation des exhalaiſons qui alteroient ſa
nature , ce même air reprenant ſon état naturel , eſt reduit de la grande étenduë qu'il
occupoit dans un fort petit eſpace.

C'eſt par cette reduction que cet air reprenant ſon precedent état, & faiſant place
à celui qui eſt étendu & rarefié dans les
climats où le Soleil eſt retourné , auquel
une eſpace beaucoup plus grand que celui
qu'il occupoit , eſt neceſſaire , s'étend &
prend ſon cours par un mouvement contraire à celui du precedent vers le côté
dans lequel l'air , & l'autre climat ſe reſſer-

rant , lui cede la place par fa condenfa-
tion.

Les contraintes & refferremens de ces
amas d'air, de vapeurs , & d'exhalaifons, fe
font en plus ou moins de tems , fuivant
leur plus ou moins grande abondance , ou
les plus ou moins promptes affluences , &
fuivant la plus ou moins grande capacité
des concavités qui les reçoivent.

Ces amas fe font des jours & des paffages par les bords & par les endroits les
plus foibles , d'autant plûtôt , & d'autant
plus nombreux ou plus grands que ces
exhalaifons ou vapeurs font plus fubtiles
ou plus fortes, & qu'elles fe trouvent en
plus ou moins de tems reduites dans une
contrainte dans laquelle elles fouffrent plus
de violence , que les corps qui leur font
obftacle n'en fupportent par les paffages
qu'ils leur donnent.

Par ces ouvertures elles font plus ou
moins-tôt épuifées fuivant qu'elles ont été
refferrées dans les concavitez en plus ou
moins grande quantité , ou fuivant que
leur flux fe fait avec plus ou moins d'a-
bondance ou de celerité , ou par des pores ou autres voies d'une nature ou difpofition plus ou moins propres à être refferrées par les circonftances du tems ou
des lieux , ou fuivant que la refiftance des
terres à s'entrouvrir pour leur donner iffuë
devient en plus ou moins de tems , plus
grand que n'eft la force de cet amas
d'air, de vapeurs & d'exhalaifons à fe faire
des paffages fuffifans.

C'eft de la diverfité des limites dont les circonftances font terminées que naiffent toutes ces differences des intervalles des flux de l'air pareils à ceux de plufieurs fontaines, & c'eft à l'éloignement extrême des bornes ou limites de ces mêmes circonftances qu'il faut attribuer les longs intervalles de ces vents violens qui n'arrivent & ne reviennent qu'aprés le cours de plufieurs années comme de fept ans en fept ans, ou de dix en dix ans dont les matieres convenables, & neceffaires pour remplir la grandeur & la profondeur des concavitez qui les renferment, ne peuvent être ramaffées que dans un tel nombre d'années, dans une denfité telle qu'elle eft neceffaire pour reduire tout l'amas qui s'en eft formé dans une contrainte qui leur donne la force de mouvoir ou de rompre les obftacles de la plus grande refiftance.

Au moien de ces ruptures ou fractures des cavernes ou concavitez, les matieres fe rarefians fortent avec une violence proportionnée à la force par laquelle elles fe font fait ou fe font des ouvertures & des paffages, à la quantité & denfité dans laquelle elles ont été congregées & à la diffipation qui en eft faite par la rarefaction par laquelle la nature ignée ou alterée des exhalaifons recouvre l'étenduë qui lui eft convenable, & excite tout l'amas dans lequel ces exhalaifons font mêlées aux mêmes mouvemens.

Les differentes alterations que les matieres reçoivent aux differentes heures du jour ou de la nuit , dans les situations differentes ou opposées des terres élevées sur les eaux ou des fonds des mers diversifiés par des inégalitez pareilles à celles de la superficie des terres , font succeder aux vents qui ont precedé des reflux d'air ou des vents oposez de pareilles ou de differentes forces ou durées.

Ces differences naissent de celles de leur nature & de leurs dispositions ou de celles des milieux par lesquels ils continuent leur cours d'Orient en Occident , ou d'Occident en Orient , du Midy au Septentrion & du Septentrion au Midy , ou d'autres termes à d'autres termes moyens entre les cardinaux , suivant les situations des lieux desquels ils tirent leurs principes & leur origine , & suivant celles des lieux dans lesquels ils trouvent plus de facilité & moins de resistance à leur accez & à leur progrez.

Ces termes de l'origine & de la fin des vents qui font quelquefois differens ou opposez à ceux dont les courans tirent les leurs , & les differentes natures de l'air & de l'eau , qui rendent l'un & non l'autre susceptible de rarefaction & de condensation , rendent assez souvent le flux de l'air dans lequel consiste le vent different ou contraire au mouvement des courans.

Leur participation plus ou moins grande des qualitez ou influences du Soleil ou de celles de la Lune , conforme plus ou

moins leur cours aux situations ou affections de l'un ou à celles de l'autre de ces
Astres.

Les flux ou mouvemens d'air de toutes
ces especes, proprietez & circonstances differentes, se rencontrent en differentes regions ou contrées, & en differentes mers,
suivant les convenances de leur nature &
de leurs dispositions, avec celles des uns ou
avec celles des autres de ces vents, & la
concurrence de plusieurs vents differens &
contraires aux mêmes endroits, produit
dans l'air des tourbillons en la même maniere que la contrarieté des courans cause des circulations dans les eaux.

Les petites interruptions qui separent
ordinairement les frequentes réprises des
vents, procedent de l'accroissement des forces des impressions contraires, faites aux
lieux de l'origine ou des milieux du passage des vents ; ces impressions contraires
étant arrêtées durant le flux de ces vents,
leurs forces se ramassent & se receüillent
pendant ces interruptions jusques au point
auquel elles peuvent égaler ou balancer les
impressions ou resistances contraires.

Ce balancement ne dure qu'autant de
tems qu'il en faut aux vents pour sur-
monter cette resistance & en dissiper les
contrarietez par un plus grand accroissement qui se fait de leurs forces pendant
cette interruption.

*Des conſequences tirées des vents, confirma-
tives de la verité des regions de l'air interieur du Globe terreſtre.*

Les grandes cavernes ou concavitez des
montagnes dans leſquelles ſont les reſer-
voirs de ces matieres ſpiritueuſes, en ſeroient bien-tôt épuiſées par la grande éfu-
ſion qui s'en fait par les vents qui deſcendent de ces lieux éminens dans les plaines &
dans les valons, & qui ne refluent jamais aux lieux de leur principe, ſi le fonds
n'en étoit réparé par une pareille quantité
de celles qui y ſont élevées des baſſes concavitez.

Il en eſt de même de toutes les matieres qui entrent dans la compoſition des
vents marins, qui s'étendent juſques à
quinze ou vingt lieues dans le continent,
& ſe confondent dans les airs ſuperieurs
aux terres, comme ceux des terres qui
s'avancent dans les mers & qui ſe perdent
dans les airs ſuperieurs aux mers.

D'ailleurs la maſſe de l'air ſuperieur aux
terres & aux mers, ſeroit en peu de
tems élevée juſques aux Aſtres par ces accroiſſemens, ſi les flux par leſquels il deſ-
cend ſi frequemment & ſi abondamment des montagnes, avec les vapeurs &
les exhalaiſons dont il eſt mêlé, ne trou-
voient des voyes & des chemins dans les
endroits enfoncez, pour retourner aux
concavitez de leur premiere & plus ancienne origine.

Fotr. Licetus de centri natura, secundū Aristotelem p. 30. verba Aristotelis: Fluere necessarium est omnem in circuitu aërem &c. Salomon: In circumitu pergit spiritus, & in circulos suos revertitur.

Par ce retour à ces concavitez, & de ces concavitez generales aux cavernes, ou concavitez particulieres des montagnes, il se fait une circulation continuelle de l'air des regions superieures, & de celui des regions interieures, pareille à celle qui se fait des eaux des sources aux mers, & des eaux des mers aux origines des sources.

De la circulation de l'air, & des exhalaisons.

Theophrastus, seu commentarii in ejus Tractatum de ventis. Federic. Bonaventuræ de causa ventorum motus, pag. 7. & 29. cap. 1. & 6. & pag. 182. & 183. cap. 48.

La verité de cette circulation de l'air & de celle des exhalaisons, & des matieres subtiles, qui entrent dans la composition des vents, est évidemment reconuë par les observations du principe qui en est inseparable, faites par les Ouvriers qui travaillent aux plus profondes mines des métaux.

Aër habens in se principium levitatis & gravitatis secundùm Averroem. com. 30. 4. de cœlo, cum gravi effici graviorem, cum levi leviorem, &c.

Georg. Agricola, de ortu & causis subterran. lib. 1. pag. 33. Morinus de ratione locorum subterr. p. 135. & 136 Federic. Bonaventuræ in annotationib. de ventorum signis, p. 394. ex Theophrasto textu. 30. pag. 13. Terræ intestina præsagiunt tempestatem.

Theophrast. de ventis G. Agricola de natura eorum quæ effluūt è terra lib. 4. p. 144. & 150. ubi de exhalatione sub terra congregata & de montibus tumultuosis, lib. 4. pag. 144. & 150. Joan. Zahn. specula matematico historica.

Ce principe consiste dans l'élevation qui se fait de ces matieres venteuses des lieux qui sont inferieurs aux fonds de ces mines au dessus des terres, par le sentiment desquels mouvemens les Ouvriers prévoient tous les changemens qui arrivent subsequemment dans les regions de l'air superieur.

Les vents qui sortent incessamment des cavernes que l'on trouve dans divers lieux, ceux que l'on excite toutes les fois que l'on jette des pierres dans certains abîmes, & ceux qui y accourent ou qui y sont absorbez, ou qui s'imbibent dans les terres, & dans les eaux, sont des demonstrations sensibles de toutes ces matieres, qui entrent dans la composition des vents.

La quantité de ces matieres subtiles suffisantes & necessaires pour fournir aux vents des terres & des mers de toutes les contrées du monde, démontre leur immensité, & l'immensité de ces matieres confirme la verité de la concavité generale par sa proportion aux choses qui y sont contenuës.

Les correspondances de ces matieres du dedans à celles de dehors du Globe terrestre qui entretient celle de tous les accidens des terres & des eaux interieures avec tous ceux des terres & des eaux exterieures, fait connoître que tous les mouvemens de l'air & de toutes ces matieres subtiles dont il est mêlé, enfermées dans cette concavité, regnent sur la superficie interne, comme ils le font sur la superficie exterieure, avec la seule difference qui se rencontre entre les mouvemens de ces eaux internes & ceux des eaux exterieures dans l'opposition des termes de leurs principes & de leurs fins.

Theophrastus de signis tempestatum textu 30. & 31. terræ intestina si multa conspiciantur, præsagiunt tempestatem. Morini relatio de locis subterraneis sub finem Tractatus, cui titulus, Nova mundi sublunaris anatomia, p. 135. Responderunt fossores, cum aër supremus de sereno in nubilum, caliginosum aut pluviosum transiturus est, se magnam sustinere molestiam, & subsequenter ac perinde se primos omnium de imminentibus aëris externi mutationibus certa posse instituere prognostica. Majoli Dies caniculares colloq. 12. in Forojuliensi Garo ad radices montium

fontes funt qui, fi ferenum fit cœlum leviter ac modicè fluunt, at fi nubilum fit, fluunt largiter, ut Leander tradit, quod fereno cœlo fpititus unde aqua manat non adeó impellatur ad exitum ficut nubilo cœlo quo meatus obftructiores funt eod. colloq. p. 193. apud Volaterram fons eft ex
quo deprehendas futuras pluvias fi altè faliat, falit enim ufque ad 10.
pedes & amplius, at fi lenius fluat & minus altè faliat, deprehendes fere-
nitatem futuram. Leander.

*La diminution du poids de l'air dans les tems venteux & pluvieux, fon au-
gmentation dans les tems fereins, le retardement du mouvement des pendules
dans les tems & les lieux les plus chauds, & fon acceleration dans les plus froids,
fuivant plufieurs obfervations, & diverfes relations font des remarques de pareils effets des correfpondances de ces matieres aeriennes ou fpiritueufes, du dedans du Globe terreftre avec celles du dehors.*

*Les Relations de la fin de ce Traité de certains endroits, puits ou cavernes
dont l'air entre ou fort, fuivant la varieté des tems & des faifons, nous découvrent les caufes de certains vents particuliers conformes aux precedents.*

CHAPITRE V.

*Des fignes de la fituation, difpofition,
& mouvemens du feu internè du
Globe terreftre, tirez des difpofitions & des mouvemens des autres
élemens & de celles des flux exterieurs.*

De la fituation du feu au centre de la terre.

LES élemens de l'air, de l'eau & de la
terre, étant pouffez par les deux facultez contraires de la circonference au
centre, ou du centre à la circonference,
plus ou moins à proportion de leur plus
ou moins grande denfité ou rarité; les
plus materielles également pouffées par les
impreffions de l'un & de l'autre font reduites dans les efpaces dans lefquels ces

deux facultez se rencontrent d'égale force, & les moins materielles qui sont expulsées de ces endroits par celles qui y sont plus fortement poussées, sont contraintes de se retirer au dessus ou au dessous, dans les vuides qui leur sont laissez, & de s'y partager dans une quantité dans laquelle celles de l'un & celle de l'autre de ces endroits opposez se trouvent dans une proportion réciproque aux impressions qu'elles y reçoivent de l'une & de l'autre de ces deux facultez motrices contraires.

Par ces proportions d'impulsions & d'expulsions, les substances étherées & ignées étans moins materielles, sont moins poussées aux points de l'égalité des forces de ces deux puissances motrices contraires, que tous les autres corps, & n'étans pas plus repoussez au-delà par l'une que par l'autre, elles sont partagées en deux situations, l'une au dessus, & l'autre au dessous de tous les autres élemens, dans une proportion dans lesquelles elles gardent entre-elles un équilibre pareil à celui que les autres élemens conservent dans la separation & disposition de leurs parties.

De plus les proportions en subtilité & en activité des principes & des sujets réquis & necessaires à ces deux facultez motrices ne se rencontrans en aucun des autres élemens, resident consequemment dans ces matieres ignées & étherées, au moyen desquelles les vertus de ces facultez sont

subvertens montes, post spiritum commotio, post commotionē ignis.
G. Agricola de cauſis & ortu subterr. lib. 4. pag. 76. Calor propriis motibus elementū aliud ab alio depellit, ex Alberti sententia calor densat.

I iij

repanduës & communiquées à tous les autres corps.

Ces subſtances ou matieres ignées &
étherées n'étant pouſſées par aucun autre
du centre à la circonference ni de la circonference au centre , occupent neceſſairement le deſſus & le deſſous de tous les
autres élemens.

Une partie reſide dans les eſpaces ou
region des ſubſtances étherées , ou dans les
Cieux dans leſquels ce qu'il y a de plus
actif qui compoſe le Soleil eſt conforme
en Globe par le mouvement des flux &
reflux continuels de ſon atmotſphere formé en Globe à la convexité duquel eſt
conformée la concavité de l'air.

Ces noms de facultez & l'indication
de leurs reſidences dans les matieres ignées , ne donnent par une idée ſi claire de
leur nature ni de leurs principes de même
genre , que ceux des Atmotſpheres , qui
conviennent à tous les corps , dont l'explication & la connoiſſance enferment celles
de la gravité , legereté , impetuoſité de
l'adherence , & inadherence de tous les
corps & de tout ce qui eſt appellé attrac-
tion , impulſion & expulſion , ſympathie
& antipathie.

tions , deſquels on pout tirer convenablement la conſequence de la vie naturelle
de tous   ou de preſque tous les corps conformement aux remarques , de l'hiſtoire
de l'Academie Royale des Sciences de l'année 1700. p. 68. de la I. Partie , où
il eſt dit que les coraux & champignons de mer ſont viſiblement des corps orga-
niſés , quoiqu' ls paroiſſent plûtôt de veritables pierres que des plantes. La generation y eſt expliquée en la p. 69. ſuivante, laquelle il eſt dit pouvoir être aux autres plantes pierreuſes de mer , & même aux veritables pierres , leſquelles ont
une ſtructure organique , p. 50. & (p. 222. de l'an 1702.) vegetent comme les
plantes & les animaux,

Mais l'importance & l'étenduë de ce sujet demandent un discours particulier, lequel pouvant écarter celui dont il s'agit icy à une trop longue disgression, est reservé à un traité particulier des atmotspheres de tous les corps.

Le mouvement étant une proprieté d'autant moins separable des corps qu'ils sont materiels, & qu'ils sont plus subtils & plus actifs, & la situation des deux parties de ces matieres ignées & étherées dans le ciel & dans le centre du Globe élementaire ne leur permettant que le circulaire, dont la perfection se rend le plus convenable à l'élement le plus simple & le plus parfait ; ces matieres ignées font necessairement par ce mouvemét circulaire dans la region dés unes & des autres, une revolution autour de leur axe d'une celerité pareille ou proportionnée à la dimension de leur circonference.

Federic.Bonaventuræ de causa motus ventorum, supra Theophrastum, cap.7. p.36.Motum ignis in furno circularem esse, & cap. 50.pag.192.& 194.Causa efficiens divina circulatio, ex Averroe, de motu circulari,vel circulari simili, & circa centrum,ex Olympiodoro, exhalationem ex physiologia præstantiorem cœlestia imitari & circularem motionem, ex physiologia nova experimentali de Stair, exploratione 6. sect.3. de igne pag.323.324. & 325. ubi de ignibus subterraneis eorumque perpetuitate n.48. & 51. Ignis sua rotatione expellit aërem, ignis rotando suos aculeos undequaque erigit, sua se rotatione in globulos glomerans, &c.

L'un & l'autre de ces feux du dessus & du dessous de tous les autres élemens, retiennent dans leur revolution toute la conformité convenable à leur commune nature, & la revolution du Soleil se faisant d'Orient en Occident dans la partie qui regarde la terre, & d'Occident en Orient dans celle qui regarde les étoiles fixés ; la circulation de toutes les parties de cet Aſtre conſervant la même revolution, ſe feroit d'Occident en Orient dans le centre du Globe terreſtre, s'il y étoit tranſporté.

Conſequemment la revolution de toute la circonference du feu ou du ſoleil terreſtre, qui conſerve par la conformité de ſa nature une parfaite correſpondance avec le Soleil, ſe fait autour de ſon axe d'Occident en Orient aux environs du centre qu'il occupe.

Cette impreſſion eſt communiquée à l'air qui lui eſt contigu, lequel l'imprime aux eaux interieures par leſquelles elle parvient juſques aux élemens exterieurs de l'eau & de l'air où elle combat les inclinations ou impreſſions contraires, par leſquelles ces élemens ſont retenus ou revolus au côté oppoſé.

Les forces de cette impreſſion ſur toutes les parties unies & ſolides du Globe terreſtre, compenſans par leur égalité celle de l'impreſſion d'Orient en Occident, le maintiennent dans la ſituation qu'il garde tant à l'égard des élemens ſuperieurs, que des ſubſtances celeſtes.

Confirmation de la verité du feu central.

La verité de la ſituation du feu dans le centre de la terre, eſt apuyée de l'autorité de Pytagore, de celle de tous les Platoniciens, & de celle de tous ces Philoſophes Empiriques, communement nommez Chymiſtes.

Deuterom. c. 31. ignis ardens uſque in infernum Eſdras, lib.4. c. 16. ignis ſuccenditur & nō extinguetur donec conſu-

mat fundamenta terræ, l.3.*Reg.* c.19 Spiritus, fubvertens montes poft fpi-
rit. poft commot. & ignis Corn. Gemma, lib.1. cap.5. ignem arbitrari
non effe fub concavo lunæ fed circa terræ centrum.

Georg. Agricola de natura eorum quæ effluunt ex terra, lib.4. p.145.
156.& 157. Thom. Itigius & alii fupra citati. Idem Agricola de ortu
& caufis fubterraneorum, lib. I. pag. 15. & 16. ubi de fubterran. calore
ejufque effectibus & de materia qua renovatur ignis fubterraneus. Idem,
lib.10. p.33. de fpiritu ignito, pag. 35. de abftrufo, & recondito igne,
campis & montibus ignitis, bitumine perpetuitatis. ignium caufa, pag.
36. de eorum incrementis & phenomenis per intervalla.

Elle fe rend vifible par les flâmes qui
fortent de plus de cinq cens montagnes,
puits, ou fources de cet élement, vulgairement nommez Vulcans, defquels les
diverfes Relations font mention, & dont
les fituations dans les parties oppofées du
monde, & leurs correfpondances fouvent
obfervées, démontrent leur commune origine d'un feu ou foleil central.

Les fumées & les matieres embrafées,
mûes au travers des eaux marines, par la
vertu expanfive de cet élement à plufieurs
endroits oppofez de la circonference du
Globe élementaire, lefquelles reprefentent
des Semidiametres, tirez d'un même centre font la même demonftration.

Les eaux fituées au deffus de ce feu central, fouvent élevées & repanduës en grande abondance fur la fuperficie des terres,
les corps d'un poids immenfe jettez loin au
dehors; les tremblemens communs à plufieurs Païs de toutes les parties du monde,
la fubmerfion de plufieurs Villes, & contrées, & les ébranlemens, & déluges fouf-
ferts par des regions entieres, font tout autant d'effets de la force, de la violence, &
de l'impetuofité de ce feu, qui en font

Valefius, cap.
50. & 86. Sa-
crę Philofophi-
æ, ignis ele-
mentaris per-
meat per om-
nia.

Claud. Beri-
gardus de ve-
teri Philofo-
phia, parte 5.
circulo unico,
p.544. & 545.
de igne fub-
terraneo: ignis
fubterraneus
eft familiaris
terræ, pars eft
illius globi
quem incoli-
mus, jungitur
familiaribus
fibi natura
oleofis.

In terræ vif-
ceribus multa

est hujufmodi fubftātia oleo-fa , nuncupa-ta tamen va-riis nominib. Joan. Nardius Philofophus fummus opere præclaro fcri-pfit de igne fubterraneo , dicit quod ig-nis ille qui tā in noftro quā in novo crbe innumera ha-bet fpiracula, nifi effet naturalis tandem excederet , ibi plures aliæ ra tiones & au-toritates anti-quorum , pag.

connoître l'étenduë & la fituation.

Le nombre & l'extenfion des mines de charbons , & d'autres femblables corps, al-terez par l'activité du feu que l'on trouve dans la profondeur de la terre , tous ceux dont la coction, & la perfection dépen-dent de l'action de cet élement , la chaleur de tant de fontaines & de fources minera-les , celle de toute la circonference de la moyenne region de la terre , & les matie-res alkalifées qui l'a rempliffent & y font la fermentation continuelle avec les aci-des par lefquelles la chaleur eft continuel-lement entretenuë , font le furcroit des preuves de la fituation , & de la nature de ce feu.

546 cum igitur diffufus ignis quocumque permeet nihil obftat quin ad terram fubinde revocetur.

Statim ignis collectus in flammam difpergitur non modo furfum , fed etiam deorfum.

Poëta Manilius , lib. 1. quum fpiritus unus per cunctas volitet partes atque irrigat orbem , omnia pervolitans corpufque animale figuret.

Plato , lib. 29. fub finem, ait: fub terra plurimum ignem, & ignes ingen-tes omnes effe , & paulò poft , hæc omnia furfum deorfumque ferri.

Philo. Judæus , lib de mundo , ubi de ignis & terræ natura ; ignis in terra condita fubfequenter, ut leviffima natura , & graviffima invicem conflictentur cum utraque, in locum fuum fuopte nutu urgeatur, proin-de natura ignea terram fublimem fecum rapiensdeorfum vergere cogitur terreno degravante , &c. Joan. Zahn. fpecula phyfico Mathematico hi-ftorica.

Enfin fa certitude en eft inconteftable-ment établie par le fentiment de tous les Chrêtiens , & par le propre Texte des Ecritures facrées , referé cy-apiés avec les raifons démonftratives de plufieurs fameux Philofophes , & les obfervations d'un grand nombre de Voyageurs , & d'Hiftoriens cé-lebres.

Confirmation du mouvement du feu central.

Les periodes obſervées par les feux de quelques-unes de ces montagnes ou cavernes ignées, dans la ſucceſſion de leur expanſion au dehors, les divers effets ou accidens qui en naiſſent, les mouvemens imprimez aux autres élemens fluides, leur conformation aux ſituations du Soleil, par leurs declinaiſons & inclinaiſons alternatives de la ligne aux Poles, & des Poles à la ligne équinoxiale, font encore mieux connoître la conformité de la nature, & les proportions des revolutions de ce feu enfermé dans le milieu de la terre à la nature & aux revolutions du Soleil.

Il n'y a pas lieu d'examiner ici ſi ce feu central participe de tous les mouvemens ſinguliers, reconnus dàns le Soleil par ceux de ſes tâches, ou s'il communique en tout ou en partie ceux qui lui ſont naturels, ou qui ſont imprimez au plus groſſier de tous les élemens, parce que l'agitation ou reſolution de ces queſtions, engageroit à une digreſſion trop grande du ſujet de ce Diſcours.

De l'expanſion du feu central.

Le feu ou Soleil celeſte, & le feu ou ſoleil terreſtre n'étans pas ſuſceptibles des impreſſions de la gravité, ni de celle d'aucune autre faculté, qui puiſſe empêcher le

Kircher. mūd. ſubterraneus tom. 1 - lib. 4. ſect. 1. cap. 3. de igne ſubterraneo per omnia diffuso, c.5 de mõtibus ignivomis in externa telluris superficie spectabilibus terram plenam ignibus esse demonstrantibus in fine capitis est relatio P. Fr.Ric-

progrez de leur nature expansivé, se répandent, & se rencontrent incessamment dans les milieux qui les separent par les flux continuels de leurs qualitez, par lesquelles ils se communiquent à tous les autres élemens, & à tous les mixtes qui tiennent de leurs influences tout ce qu'ils ont d'activité.

cardi de subterraneis ignib. qui ex imo Pelagi erupere anno 1650.cap.6.& 7.de perenni duratione ign's subterranei cap.8.Crateris Æthnæ descriptio. Ex eodem Kirchero solutus mund. extat in Itinerarii ejus prælusione, pag. 187.& seq. de solis subterranei canalib. & cavernis.

Baccius lib.4. de Thermis, cap.5.

De la communication reciproque du feu central avec le Soleil.

Thomæ Itigii lucubrationes de montium incendiis,sect. 4.cap.10. .14 & 15. Siciliam certè in eaque Æthnam cum insulis Æoliis, has cum Vesuvio, totamq; ferè Italiam arcanum habere commercium satis patet, imò Peyristeius illud commercium longius extendit, putavit enim Vesuviũ cum Æthna, hanc cum Syria, hanc cum Arabia felici, hanc cum regione Erithrea

Les feux de ces deux Soleils, leur rencontre, & leurs concours par leurs émanations à toutes leurs productions, & leur retour à l'un des principes communs de leurs influences, confonduës dans les mixtes par la convenance de leur nature, & ces mixtes suivans dans la dissolution de leurs élemens, l'inclination du retour à leurs principes ignées, à tous les Etres créez de retourner à ceux de leurs generations, démontrent la communication continuelle & reciproque de ces deux substances ignées.

Les exhalaisons des matieres convenables à la nature du feu, dont l'affluence lui est necessaire pour la reparation du flux continuel de sa substance, retournans au moyen de leur gravité, recouverte par leur condenſation dans la moyenne region de l'air, deſcendent enſuite par l'impreſſion des vents, dans la compoſition deſquels elles ſont entrées aux terres dont elles ont été auparavant élevées.

Ces exhalaiſons étant enſuite également condenſées, & agravées par leur paſſage en la region froide de la terre, repaſſent juſques à l'extremité inferieure de ſa region chaude, dans laquelle ſe rendent auſſi par leur poids ou penetrent par leur ſubtilité toutes les matieres graſſes ou bitumineuſes, ſulfurées ou huileuſes, dont les terres ſont délavées par les pluyes.

vicina per ſubterraneos canulos communicare & ex eodem fonte deduxit cauſam, cur Veſuvius Æthna & ſimul Æthiopum mòs uno eodemq; tempore cœperint excitare flammas, ut refert Gaſſendus in vita Peyreſkii atque idem Gaſſend. ſuper immani terræ motu qui anno 1 07. Peruviam afflixit & quem Tavernier in hydrographia prolixiùs deſcribit ; ita judicat, &c. Acta Philoſophica Angliæ menſis Septemb. anni 1666. Vertices Æthnæ continuo ſpatio duorum triumve menſium furere ſolito magis obſervatum fuit, idem accidit in Vulcano & Strombylo duobus ignivomis inſulis occidentem versùs. Paul. Scaliger. lib.1. cap.33 n.13. videtur ignis non terra centrum eſſe propter Jovis carcerem & infernum, qui ut Theologi aſſerunt, igneus eſt, itaque ſi ignis in terræ medio terra nequaquam centrum erit, quin nobiliori videlicet igni nobilior utpote medii locus tribuendus.

Virg. 2. *Æneidos.* Æternumq; adytis effert penetralibus ignem *&* 6. Mœnia lata videt triplici circundata muro, quæ rapidus flammis ambit torrentibus amnis tartareus Phlegeton.

*Lucretius lib.*4. Tartarus horrificos eructans faucibus æſtus.

Marſil. Ficin. lib. 10. *de immortalitate animorum, cap.* 2. *p.*22. Cùm multi variiq; ſint rerum ordines in naturà ſemper ſuperioris cujuſque ordinis infimæ partes ſupremis partibus ordinis inferioris proxime ſubſequentis quødammodo copulantur, p.223. in omnibus rerum generibus intima quæque antecedentis ordinis cum ſupremis ordinis ſuccedentis eſſe conjuncta, & invicem quoquomodo confundi.

*Idem ſupra Plotini Ennead.*1. *lib.*8. *fol.*44. Formæ ſubcœleſtes cum cœleſtibus tum in ipſo corporeo genere tum in materia, tum in motu congruunt. Similia potiorave leguntur apud S. Auguſtinum, lib.22. de civitate Dei, c. 11. ubi de igne qui eſt in terra & ſub terra. Item in Commentariis J. Pici Mirandulæ de amore, lib. 1. c. 9. D. Boyle de temperie regionum ſubterran. cap.8. & plures alii ſecundùm tabulam Smaragdinam quam Hermeti tribuunt quod eſt inferius, ſicut id quod eſt ſuperius aſcendit de terra in cœlum iterùmque deſcendit in terram, &c.

Toutes ces matieres s'écoulent dans les rivieres, & dans les fleuves, & parviennent avec les fleuves dans les mers exterieures, & des mers exterieures aux interieures, par le flux defquelles elles s'infinüent dans toûs les élemens, & dans tous les lieux inferieurs.

De la féparation des diffipations continuelles du feu central.

Les exhalaifons ou matieres convenables à la nature du feu, repanduës par leur poids, par leur penétration ou par l'introduction des vents ou des mers, dans les parties interieures du Globe terreftre, & reduites en corps par leur paffage dans l'une des regions froides de la terre, ou des autres élemens, parviennent enfin à l'extrémité interieure de la region chaude de la terre, où elles font derechef rarefiées, foit par la feule chaleur de cette region, foit par le concours de cette chaleur avec celle qui procede du feu central.

Comme elles font reduites par cette rarefaction à une rarité plus grande que celle de l'air, contenu en la concavité generale, elles font moins pouffées que cet air au côté de la circonference par la faculté motrice centrale, & approchent de plus prés ce feu central & ....

Devenans contiguës à ce feu, & étans même introduites par la vertu de fon atmotfphere dans l'interieur de fon Globe, elles reparent par leur converfion en fa fubftance les pertes qu'il fait inceffamment par ces continuelles émanations.

CHAPITRE VI.

De la difpofition, vicifſitude, & circulation de tous les élemens.

L'Opofition naturelle des qualitez du feu central, & de celles des eaux inferieures empêchans la contiguité de leurs regions, elles font feparées par l'interpofition de celle de l'air qui fe conforme par fon naturel paſſif à la difpofition de tous les autres élemens, à la fupeficie defquels il eſt adherent ou dans l'interieur defquels il eſt diffus.

De l'expanfion du feu central.

Les feux ou Soleils celefte, & terreftre, penetrent inceffamment & également les autres élemens par leurs émanations imperceptibles aux fens, & évidentes dans leurs effets ; & les traverfans tous de part en part par la fubtilité & fimplicité de leur nature fans la rencontre d'aucun obftacle ni d'aucune impreffion contraire à leurs cours, entretiennent par ces accez, & par ces decez perpetuels & reciproques leurs communications continuelles.

Philo. Judæus de mundo p. 406. Cũ natura ignita in terra condita furſũ verfus rapitur, ignis vi naturali ad proprium locum tendit ...... in fublime rapit fecum multũ terrenæ naturæ...... eo porro terrena natura ignem fubfequi erumpentẽ coacta: ad altitudinem multum assurgens in arctum contrahitur, ac tandem definit in verticem mucronatum igneam naturam imitando, siquidem tunc necesse est ut levissima & gravissima natura quæ sunt adversariæ inter se conflictentur, proinde natura ignea terram sublimem secum rapiens deorsum vergere cogitur terreno degravante : terra verò in infimû libramento suo depressa, contraque ab igne suspensa qui suamet ipse sponte in sublime attollitur vix tandem ipsa à prævalente potentia atque sublevatrice evecta sursum in sedes ignis protruditur.

Enchiridium Physicæ restitutæ canone 224. cœli & terræ conjugiû per quod cœlum etiam in centro terræ habitat.

Plin. l.2.c. 5.de elementis, pari in diversa nisu vi sua quæque consistere irrequieto mundi constricta circuitu, &c.

* Ficinus in versione Phædonis, p. 345.col.1 omnia tanquam in eurippo sursum, deorsumque jactari, nullumque tempus in aliquo permanere

Fr. Patritius lib.22. Philosophiæ novæ, fol.117. refert verba Merc. Trismegisti in Asclepio, de cœlo cuncta descendunt in terram, & in aquam, & in aëra.

Les pareilles communications de la part de deux regions, opposées de chacun des autres élemens, faites par les voyes cy-devant expliquées, des deux facultez motrices contraires, sont reciproquement renforcées par les circonstances des lieux, & par les dispositions convenables des sujets, au moyen desquels renforts chacun de ces élemens entre & passe alternativement dans la region de tous les autres.

* C'est par ces moyens que se font les vicissitudes universelles des flux & reflux de tous les élemens, & de tous les corps élementaires, c'est en cette sorte qu'ils perpetuent leurs circulations, évidentes dans ses raports, & dans ses liaissons avec ses effets; & c'est cette circulation qui rétablit, affermit, & entretient par la justesse de ses dispensations, par l'uniformité de ses revolutions, & par la regularité de ses rétributions, toutes les substances élementaires sujetes à des mouvemens & transports continuels, dans leurs proportions ordinaires, dans leurs situations convenables, & dans leurs mutuelles correspondances.

Les observations, & les experiences cy-aprés referées par les Curieux des secrets de la nature, nous démontrent sensiblement

ment la verité de ces continuelles viciſſitudes ; elles nous font connoître les diſpoſitions de tous les corps à faire entre-eux des
échanges reciproques de toutes leurs qualités, les plus chauds deviennent ſucceſſivement les plus froids , & les plus froids deviennent ſucceſſivement les plus chauds,
l'humidité des uns eſt convertie en ſechereſſe , & la ſechereſſe des autres ſe conver-
tit en humidité ; les plus legers acquiérent
du poids & de la gravité , les plus volatiles ſont fixes , & les plus denſes , plus fixes
& plus peſants, ſont rarefiés , volatiliſés
& allegés.

Idem M. Fic. in verſione triſmegiſti c. 8. Principes quibus immutantur omnia lege naturæ...... ſempiterna agitatione variata.... his ergo ita ſe habentibus ab imo ad ſummum ſe moventibus &c. c. 10. cunctis ita ſe habētib. nihil ſtabile , nihil fixum , nihil immobile nec celeſtium nec terrenorum.

renorum. Diſcuſſionés Peripateticæ Fr. Patricii , tom. 2. lib. 6. p. 248. de
motu ſurſum & deorſum , ſecundùm paſſiones permutant locum , ſeu re-
giones omnia. Proclus in Timæum p. 108. omnimodus ſenſibiliſque naturæ proceſſus uſque ad terram ultimam quam duodecimam mundi partem dicunt, omne quod ſub ipſa eſt tertiamdecimam portionem obtinere
videbitur , elementorumque apparentiæ ad illam pervenientes regionem
numero illi convenire dicuntur , ad omne igitur procedit , procedens
ornatus , regrediturque cum ornatum eſt ..... in unaquaque parte ultima
reperiuntur genera æternis ipſis ſubmiſſa &c. ex eodem Proclo, pag. 119.
In aëris profunditate , ſimiliter in aquæ tumoribus , terræque ſinu , nam
proportionaliter ad cœlum non ſolum dividitur terra, ſed etiam reliqua
elementa.

Les conſequences certaines de tous ces
changemens nous decouvrent la neceſſité
de ceux de tous les autres accidens & de
toutes les circonſtances des matieres de tous
les corps ſimples , mixtes & compoſez ;
celles qui ſont élevées dans les plus hautes ſituations, ſont ſucceſſivement enfoncées dans les lieux les plus bas, & les plus
profonds , & celles qui ont été les plus
abaiſſées, ſont repouſſées à leur tour és lieux
les plus hauts & les plus élevés

Opportet enim principalioribus periodis ea obſequi quæ inferioris dignitatis exiſtunt , cœleſteſque imitari lationes eos qui citra ſunt motus , quare cū hæc ad illa proportionaliter ſe habere dicantur, ho-

K

rum caufas animales circulos in fe continere par eft.

<table>
<tr><td valign="top">

Ex compendio Marf.Ficini in Timæum c.24.p.465. ex Heraclito & Empedocle, quatuor elementa apud inferos , & fecundùm Orphæum , fubfeq. p. quatuor elementa per fummū gradum in cœleftibus,per medium fub luna , per infimum fub terra. ex Timæo Platonis, c.2. p.475. aqua in agros fupernè defcendit, contra verò furfum è terræ vifceribus fcaturit, p. 486. ignis per omnia penetrat , deinde aër.... coactionis induftria parva in magnorum contrudit inania,quare cum parva magnis infinuata fint, majora verò minora coerceant , omnia furfum deorfumve in fua loca feruntur,nam quodlibet mutata magnitudine fedem mutat.

</td><td valign="top">

Ce font les milieux ordinaires , & les degrez convenables par lefquels tout ce qui compofe le monde élementaire paffe avec le tems d'efpece en efpece , & d'une nature en une autre nature ; ce font les routes, & les voies par lefquelles ce qui eft feu eft fucceffivement changé en air , en eau , & en terre , ce qui eft air changé en feu , en terre , & en eau ; l'eau en air, en feu, & en terre ; & la terre, en eau, en air , & en feu.

C'eft par un tel ordre , & par de pareils chemins que chaque fujet reçoit dans la fuite des tems toutes les formes ; c'eft ainfi que chaque élement devient tous les autres élemens , que chaque fimple prend par fucceffion la nature de tous les mixtes , & que chaque mixte eft avec le tems reduit à celle des fimples.

C'eft enfin par ces moyens que fuivant la doctrine des Anciens , tous les corps finguliers deviennent dans la fuite des tems generalement tous les autres , que tous les corps font même fubtilifés jufques au point qui leur eft neceffaire pour être exaltés à la nature des efprits , & les efprits confolidés, & congregés, jufques à celui qui eft requis pour être fixés , & reduits en corps graves, & folides ; & qu'enfin hors la vie univerfelle & commune, dont cette circulation generale rend tous les corps participans , tout ce qui eft animé eft fucceffivement inanimé , & tout ce

</td></tr>
</table>

qui eſt inanimé devient par la ſucceſſion des tems vivant & animé.

Subſequenter,
ignis impetus
æqualitate
amiſſa motus

fit particeps, factuſque agilis, mobiliſque, à proximo aëre pulſus, extenſuſque per terram duo patitur, nam & liqueſcit, & in terram decidit, rurſus igne hinc evolante proximus aër pulſus mobilem adhuc molem in ignis ſedes impellit, &c.

P. Emanuel Magnan. tom.3. p.1274. talis eſt inſita vis ac tale ingenium rebus omnibus quo quælibet erga alteram naturaliter afficitur & avidè appetat beneficum ejus afflatum & viciſſim profusè rependens inſpiret illi ſuum....... ſolo mediato per ſpiritus contactu provocant ſe ad mutuos acceſſus, &c.

P. Martini Merſeni reflexiones matematicæ ſeu novæ obſervationes Phyſicæ, tom.3. p.220. cum Ariſtarcho ſupponere omnia ſe invicem trahere, ut omnia quæ ad noſtrum hoc inferius Syſthema pertinent mutuò ſe trahant.

CHAPITRE VII.

Du principe de la diſpoſition, conſtitution, & mouvemens des parties des élemens, & des corps élementaires, & des conſequences qui en ſont tirées, de la nature du Globe élementaire.

LA diſpoſition, conſtitution des parties des élemens, & des corps élementaires, leurs proportions, & la regularité de leurs mouvemens ne pouvant pas être les effets de leurs matieres, incapables par elles-mêmes de toute ſorte d'action, démontrent conſequemment la neceſſité d'un autre principe, qui les reduiſe, & qui les entretienne par la vertu de ſes influences dans l'ordre, & dans la juſteſ-

K ij

se neceſſaires à leur union, & à la perfection de tout le Globe, qui reſulte de leur
compoſition.

C'eſt de ce principe dont il s'agit de
chercher la nature, laquelle ne tombant
pas ſous la perception de nos ſens, ne
peut ſe découvrir que par les ſignes que
nous en trouvons dans la diverſité de ſes
effets, & dans les marques qui en appa-
roiſſent dans ſes productions.

Ces effets, & ſignes de ce principe,
ſe rencontrent dans les divers endroits
dans leſquels ce Globe terreſtre les enferme, dans ceux de ſa ſuperficie où il les
pouſſe, dans ceux des élemens, ou êtres
ſuperieurs où ils ſont élevés, ou d'où ils
deſcendent, deſquels effets les Curieux
nous ont rapporté les obſervations.

C'eſt par le moyen des Relations des
plus fidéles & plus exacts de ces Curieux,
qui ont pris les peines & les ſoins de faire ces recherches dans tous les Climats
que nous pourrons parvenir à la connoiſſance de ce principe, pour lui donner ſubſequemment le nom le plus juſte, & le
plus convenable à ſes operations.

Ces effets, & ces ſignes ſont, ou ſe
rencontrent dans les arbres, & dans les
plantes, dans tous les animaux, & dans
les amphibies, * dans les roches, & dans
les rochers, dans les mines, mineraux,
& métaux, dans les pierres communes,
& dans les précieuſes, dans les frequens
méteores de l'air, & dans les divers phenomenes des Cieux.

* Hiſt. de l'A-
cademie Royale
des Sciences de
l'année 1702. p.
50. & ſuivan-
tes, où ſont rap-
portées les preu-
ves de la noura

Les convenances & les proportions, que tous ces effets gardent dans les circonftances de leurs êtres, dans celles de leur generation, confiftance, fubfiftance, & defiftance, nous démontrent une fimilitude, ou identité d'origine, & un même, ou commun principe de toutes leurs proprietez.

Les proprietez de tous ces mixtes ou corps, plus ou moins compofez, confiftent dans la regularité de leur fuperficie, dans l'affectation de leurs figures, dans l'arrangement de leurs parties exterieures, & interieures dans l'ordre, viciffitude & rapports de leurs mouvemens, dans les traces, ou veftiges de leurs émanations, tranfpirations, perfpirations, & circulations de leurs atmofpheres, dans les organes de leurs vegetations, germinations, & generations, & dans ceux de leurs fentimens.

Ces proprietez étant les fignes qui ont déterminé les plus célebres de tous les Naturaliftes, à donner le nom de vie à la nature des mixtes pourvûs, & doüés de pareilles habitudes, font autant de raifons convaincantes d'accorder le même nom de vie, à la nature du Globe terreftre & élementaire, de laquelle tous ces mixtes tirent les leurs, & de laquelle les leurs ne font que des participations, & quelques particulieres imitations.

riture des pierres par un fuc nourriffier qui vient du dedãs, celles de leur organifation & vegetations, configurations determinées, tant exterieures qu'interieures, confequences, que fi quelques pierres viennent de femences, il eft prefque neceffaire qu'elles en viennēt toutes, & que les cailloux qui ne paroiffent que des maffes informes, fuivent la même loy que les pierres curieufes, p. 52. vaiffeaux des pierres, & circulations de leurs fucs. Confequences des pareilles organifations, & vegetations naturelles des metaux, regles generales, & plan de la nature. 2. parties des mêmes memoires de l'année 1702 p.217. & fuivantes, contenant d'autres obfervations fur la generation & accroiffement des pierres, plufieurs exemples, obfervations, & énumerations des diverfes pierres qui donnent des marques de leurs vegetations, conformations, ou figures determinées, émanations, & tranfpirations de leurs fuc. 5. pag. 222.223. &c. p.231.233.

K iij

& suivantes, des germes des pierres & des metaux, pierres, leurs differences; leur vie, leurs consistances, semences, comparaisons à celles de la fougere, truffles; qui ne se découvre qu'avec le Microscope, p. 234. des montagnes & rochers, & de leur generation.

Nous refervons à un plus ample Traité les inductions que nous pouvons tirer des formes, & conformations exterieures & interieures des animaux, des meteores de l'air, & des divers phenomenes des Cieux, lequel Traité fera voir les rapports parfaits & reciproques, qui font entre tous les mouvemens obfervés dans la vafte étenduë du Firmament, & ceux des vifceres, & entrailles des corps vivans nouvellemens découverts.

Les bornes du fujet de ce Difcours ne nous permettant pas de nous élever au deffus des mixtes élementaires, ni d'aprofondir l'interieur dés animaux, nous réduifent à nous renfermer dans la confideration des plus prochains objets de nos fens.

La nature, ou vie naturelle des portions des mixtes, leurs élemens, & fragmens, les racines, tiges, & branches dés arbres, les feüillles, fleurs, fruits, ou graines des plantes, donnent des preuves convaincantes de la nature, & vie vegetative de tout l'arbre ou de toute la plante dont elles font les parties.

a Confequemment tout le corps des mixtes, de tous les arbres, & de toutes les plantes, n'étant que des portions, parties, parcelles, ou particules de ce Globe terreftre, & élementaire, & les dons de tou-

a Le Globe terreftre a ainfi que plufieurs mixtes, pierres & autres une figure determinée un Atmofp. ordinaire qui eft le principe de fa gravité, ou pefanteur, une fituation determinée, entre les deux Poles & tous les organes propres & neceffaires à fes diverfes & innombrables ope-

tes leurs proprietés n'étant que des participations de celles de ce Globe, font des démonstrations infaillibles des proprietez, qualitez, nature, & vie de ce même Globe.

Le raport des differentes qualitez, ou proprietez des divers corps vivans à la nature du principe qui les anime, pourroit donner occasion de distinguer leurs vies, en plusieurs especes, que quelques-uns des plus celebres Autheurs ont comprises dans les divers dégrez de leur perfection.

b L'un de ces dégrez de la vie des corps, dernier en dignité, & premier dans l'ordre de leur élevation à un être plus noble, est ce qui fait dans les uns, & dans les autres la mobilité de leurs atmotspheres, que l'on peut convenablement apeller vie motrice.

C'est à l'occasion de cette vie, & des mouvemens continuels qu'elle donne aux plus subtiles parties de tous les corps, que tous les Platoniciens, & plusieurs autres Philolosophes, tant Dogmatiques, qu'Empiriques ont écrit, que toutes les choses du monde joüissoient de la vie.

Ce dégré de vie qui produit dans tous les corps, soit secs & solides, soit fluides, ou humides, & le mouvement de leurs plus ménuës particules, qui composent leurs atmotspheres, est manifestement établi par la multitude des observations que l'on trouve dans les divers Traitez de Monsieur Boyle, qu'aucun des Philosophes Modernes n'en a pû disconvenir.

K iiij

rations, referées au long par M. Canepar, de atrament. c. 1. J. Sperling. c. 20 Medit. X 1. p. Ath. Kircher. itinerar, dialog. 2. c. 2. pag. 568. 573. & lib. 2. tom. 1. c. 19. post Agricolam & alios

b Martin Kircher Medecin Allemand a traité amplement des divers degrés de vie en son livre de la Fermentation, imprimé à Vuitemberg en l'an 1663 ch. 4. p. 16. ch. 5. & ch. 6. Il a recüeilli les opinions, preuves & marques de vie, referées par tous les Autheurs qui l'ont precedé, au ch. 5. il prouve par plusieurs observations, que les élemens, les metaux, les pierres, & même toutes les choses de ce monde vivent actuellement, & il fortifie la verité de cette opinion par son ancienneté qu'il fait remonter *suivant Ariftote, & la remarque de Scaliger, exercit. 7, jufques à Atale.*

Laquelle nous pourrions tirer d'un tems encor plus éloigné, fc. de Merc Trime-
gifte, en fon Traité appellé Afclepius, *traduit en latin par Proclus, où l'on*
trouve ces mots, Spiritus agitatus, & vivificatus, omnis in mundo fpecies,
omnia implet, mundi nutrit corpora, fpiritus animas, *& même ufques à*
Moyfe, par ces mots de la Genefe, Producat terra animam viventem in genere fuo, *Imité par l'Ecclefiaftique, parlant des Oeuvres de Dieu,* omnia (dit-
il) hæc vivunt & manent in fæculum fæculum, *Nous pourrions a bâter*
icy fur ce même fu et les termes expreffifs d'Origene, Tertullien, Philon Juif,
de Platon, & de tous les Platoniciens, & les confirmer par les chants de nôtre
Eglife Chrétienne & Catholique, regi cui omnia vivunt, venite adoremus.

Le principe de ce dégré de vie, comprend celui des figures, formes, & conformations de tous les corps, de toutes
leurs émanations, tranfpirations, perfpirations, afpirations, expirations, & circulations.

Le fecond dégré de vie auquel tous les
Naturaliftes donnent le nom de vie vegetative, qui fuppofe le precedent, comme
fon fondement procede d'un principe d'une
plus ample vertu qui influe à tous ces mouvemens qui conviennent à l'ame vegeta-
tiye, tels que font ceux de végetation,
nutrition, accroiffement, excretion, generation, germination, ramification, fructifi-
cation, & multiplication.

Le troifiéme dégré de la vie des corps,
communément appellée fenfitive, fuppofe un principe d'une vertu plus efficace
que celle des deux precedens, non feulement capable de toutes les mêmes operations, mais auffi de plufieurs autres,
fçavoir des attractions, retractions, con-
tractions, expulfions, & répulfions fym-
patiques, & antipatiques, magnetiques,
& électriques, organifations, & mouvemens organiques.

Les trois dégrés de vie précedens font les fondemens neceffaires de celle à laquelle nous pouvons raifonnablement donner le nom de figuratrice , repreſentatrice , & imaginatrice , lequel dégré nous aprenons par pluſieurs Relations n'être point refervée aux feuls animaux que nous voyons paffer , & exercer leurs vies dans les élemens , de même que dans les hommes , & autres animaux , une forte apprehenfion , & un appetit violent des objets conçûs , & perçûs dans les organes de leur puiffance imaginative , * & appetitive , impriment leurs repreſentations, ou images, dans le même ordre de leurs parties, avec les difpofitions à de pareils mouvemens dans les membres aufquels leurs puiffances , ou facultez les envoyent , & les attachent.

> * Exemples rapportés par Digbi. & Laurent Stroffe dans leurs difcours de la Poudre de Sympathie, & ſpecialement par Thom. Fie. en

fon Traité de viribus imaginationis , quæft. 4. où il en rapporte les ſentimens de tous les precedens Autheurs, ainſi que dans les queftions 5. 6. & ſuivantes, juſques à la queftion 13. où il en rapporte pluſieurs hiftoires, depuis la pag. 195. juſques à la feſt. 14.

De même dans l'Univers * l'entiere comprehenfion , & l'affection univerfelle de tous les objets qu'il comprend par fes puiffances , dont celles des animaux ne font que des participations , impriment les formes , & figures de ces objets, dans les parties , parcelles , ou particules de fes membres , aufquels ces mêmes puiffances les déterminent , & les attachent par leurs influences qui leur communiquent les impreffions qu'elles ont reçûes ſelon les difpofitions , & preparations de leurs matieres.

> * Application , comparaiſons, ou analogies , de la puiffance imaginatrice, ou figuratrice des animaux à celles du Globe terreftre ; remarques & obſervations de divers Autheurs, ſur les conformations des pierres en figures regulieres , & en celles de divers

animaux, par Aldroand, liv. 4. pag. 440. de son Muscmetallique & is pag. 453 454. 475 504. 576. 587.& 675. & seq. de pluribus similibus globulis simul conjunctis, p. 730. de serpentum, 757. hominis silvestris figura lapidea, & autres, dont toutes les relations ont esté recueillies par le P. Kircher en ses livres de mundo subterraneo, tom. 1. ch. 9. de admirandis naturæ pictricis operibus, figuris, imaginibus quas in lapidibus & gemmis delineat.

Ces influences qui sont les instrumens de la propagation, & multiplication des effets celestes, penetrans par une subtilité beaucoup plus grande que celle des semences des animaux, & des plantes, dans le fonds des corps les plus durs, donnent à leurs diverses parties l'ordre, & la situation necessaire à la represention qu'elles devoient faire, sans leur procurer les mouvemens que la fermeté de leur consistance, & la force de leur union ne leur permettent pas de recevoir.

Tous ces dégrés de vie des parties, parcelles, & particules du Globe terrestre, & élementaire, sont les signes, & les preuves d'autant de pareils dégrés de la vie commune, & universelle de tout ce Globe, dont les premiers font ainsi que dans ses parties, la base, & le fondement des autres.

Pareillement ce Globe élementaire n'étant qu'une particule de l'Univers, fait par les quatre dégrés de sa vie, la démonstration d'autant de dégrés de celle de cet Univers, d'une perfection égale, ou plus convenable à son immensité.

Mais la recherche de tous ces dégrés de la vie de l'Univers, nous peut faire tomber dans les paradoxes de l'ame, ou esprit univerſel, dont tous les Platoniciens, & pluſieurs autres Philoſophes ont crû ce monde animé ; deſquels paradoxes nous ne pourrions trouver la reſolution, hors les myſteres de la premiere en dignité de toutes les Philoſophies, appellée Theologie par les plus Anciens, & Metaphyſique par ceux qui leur ont ſuccedé.

C'eſt de cette grande ame dont ces Philoſophes tirent l'origine de toutes les autres, & c'eſt de la multitude innombrable de ſes idées qu'ils entreprennent de démontrer les principes de toutes les generations, & de toutes les ſemences.

Ils trouvent toûjours dans la grandeur perpetuelle de cette ame univerſelle, les raiſons des propagations, & multiplications continuelles de tous les corps mixtes, & vivans, leſquelles quelques-uns des plus ingenieux des Philoſophes de ce tems ont tâché d'expliquer par un progrez de diminution à l'infini des dimenſions des ſemences, incluſes les unes dans les autres, & ſortans ſucceſſivement les unes des autres.

Les curieuſes obſervations des émanations, & atmotſpheres de tous les corps que nous trouvons dans les divers Traités de Monſieur Boyle, nous conduiſent par une voye plus ſûre que toutes les autres, à la connoiſſance des prochains principes de ces multiplications innombrables, & propagations à l'infini de tous les corps vivans.

Memoires de l'Academie Royale des Sciences de l'année 1700. pag 136. ſur la multiplication des corps vivans, conſiderée dans la fecondité des plantes.

Ces atmotſpheres ne ſont pas des ſubſtances homogenes, ils tiennent de la nature des corps dont ils s'écoulent, leſquels étant compoſez de pluſieurs corpuſ-
cules ou particules de diverſes qualitez,
rarités, & denſités, influent, ou impoſent
à ces particules de leurs atmotſpheres, les
mêmes differences, & les mêmes proportions qui ſe trouvent entre leurs particules.

Ce rapport des proportions des particules des atmotſpheres aux particules du
corps dont ils émanent, convenant vray-
ſemblablement aux atmotſpheres de tous
les corps, ſe trouve conſequemment pareil entre les particules des corps, & celles
des atmotſpheres des ſemences, leſquels
rencontrans dans leur flux, des endroits,
matieres ou matrices propres à les recüeillir
& à les arrêter, y ſont par la réünion de
toutes leurs particules dans le même ordre,
& proportion qu'elles avoient dedans, &
hors de leurs principes, reconſolidez, reformez & recorporifiez en ſemences.

Ces atmotſpheres des ſemences peuvent à tous momens arriver, & parvenir
par leur flux continuel à une multitude
innombrable d'endroits, ou de matieres
capables, & propres à réünir toutes leurs
particules, en un corps pareil à celui des
ſemences dont ils ſont originaires, & proportionné à celui dont ces ſemences ſont
provenuës.

Ces corps de ces ſecondes ſemences

ayant des atmotspheres pareils à ceux des premiers, les autres rencontrent des autres endroits aussi propres à leur réünion & réformation, que les precedens y sont pareillement reformez, & recorporifiez, ce qui se faisant ainsi par tout, & à l'infini nous fournit les raisons évidentes, & formelles de la multiplication, & propagation à l'infini de toutes les substances ou corps qui naissent des diverses semences, tant perceptibles qu'imperceptibles.

C'est ainsi que tous les corps humides, & volatiles repandus par leur rarefaction, & expansion dans l'étenduë des airs, retournent par leur condensation, & contraction à une consistance pareille à celle qu'ils avoient auparavant.

Mais la comparaison de la propagation, & multiplication des especes visuelles, vulgairement appellées intentionelles, nous fournit plusieurs exemples de la propagation, & multiplication à l'infini de tous les corps vivans, par le moyen de leurs semences.

Les especes de tous les objets qui peuvent se presenter à nos yeux répanduës, perduës, ou invisibles dans les espaces vagues de l'air qui les environne, se croisans, & se réünissans au point indivisible d'un petit trou ou d'un verre convexe, & s'étendans au delà de ce point, sur une muraille, carte, ou toile blanche, y rétablissent les images des divers objets desquels elles ont pris leur naissance.

Les mêmes ou pareilles especes des mêmes ou de pareils objets, tombans sur des
miroirs pareillement opposés, font par leurs
reflexions innombrables, reciproques &
infinies, une infinité de representations des
mêmes objets de semblables especes tombans sur des corps transparens, composez
de plusieurs plans par la difference desquels les signes d'incidence de ces especes étant diverties à divers autres points,
font dans tous ces points où elles arrivent, des representations égales & entieres des objets dont elles ont tiré leur
premiere origine.

Ces differentes voyes de la multiplication, & propagation des images des objets, nous enseignent celles de la propagation, & multiplication de tous les corps
vivans par la nature de leurs semences.

Ce que les semences ont de plus subtil
& de plus actif, consiste dans la vivacité des
esprits qui sont dans les corps qui les en-
veloppent, ce que sont les especes à l'é-
gard des corps dont elles procedent ; les
plus celebres des Medecins, & des Philosophes nous apprennent que les esprits,
soit vitaux soit animaux sont de la nature
des influences celestes, ces esprits accou-
rans de toutes ses parties vitales des vi-
vants aux organes de la generation, y
forment par leur concours, & leur réünion à un point indivisible, tel que celui
où les especes sont réduites dans leur passage par un verre convexe, les semen-

ces d'une activité, & d'une puissance capable de reformer des corps pourvus d'un
& d'autre nombre de parties pareil à celles dont elles sont provenuës, de pareilles puissances, & de semblables atmotspheres.

Nous finirons ce Discours par l'ouverture de ce nouveau Systeme que nous es-
perons de mettre dans un plus beau jour
au Traité des atmotspheres, dont nous tâ-
cherons d'expliquer toutes leurs differences, tous leurs mouvemens, & tous leurs
effets.

Les pages suivantes contiennent le recueil des Relations, & observations, &
experiences qui font ou achevent les preuves du contenu en tout ce Traité.

RECUEIL

DES

OBSERVATIONS

FAITES DANS TOUTES LES
parties du monde,

QUI FONT LES PREUVES DES
difpofitions, conftitutions & mouvemens
de toutes les parties du Globe élementaire.

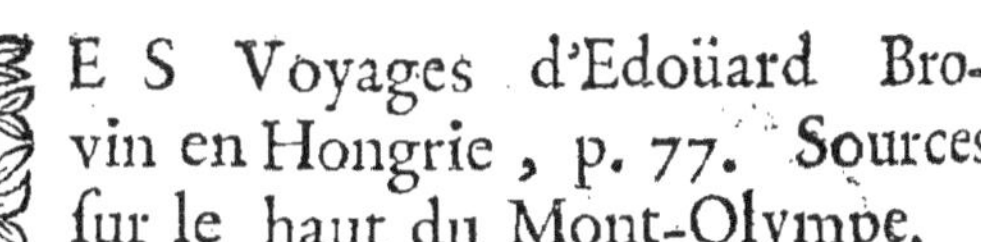

Fontaine fur les fommets des montagnes
V. Plinium , lib.2. c.69.

E S Voyages d'Edoüard Bro-
vin en Hongrie , p. 77. Sources
fur le haut du Mont-Olympe.
Du Voyage de Perfe & des Indes , de
Thomas Herbert, p. 154. Ghateau d'Affer-
près , Agra en Perfe. Sommet d'une haute montagne au milieu duquel il y a des
fources d'eau vive qui arrofent la montagne , p. 271. Ruiffeaux defcendans des
plus hauts fommets du Mont-Taurus. Ville de Perifcan , bâie fur la croupe d'une
montagne , arrofée de bonnes eaux douces , p. 306. Le Pic ou Montagne de Da-
mon

mon formé en piramide paſſe en hauteur
tout le reſte du Mont Taurus , cette hauteur n'eſt que ſoufre , il y a des eaux chaudes ſur la croupe de cette montagne au
nombre de cinq , on y va au mois d'Août :
p. 552. Iſle de Sainte Helene , qui n'eſt
qu'une plaine ayant une montagne , au
haut de laquelle il y a des ſources fort
douces . p. 566. Au haut de la montagne
de Tercera , il y a des ruiſſeaux dont l'eau
eſt auſſi froide que de la glace , ſi ce n'eſt
quand le feu ſortant de la montagne , en y
tombant en change la qualité , *l. 3. p.* 483.
& 484.

Hiſtoire des Iſles de S. Chryſtophle du
P. du Tertre , p. 141. Beau Baſſin plein
d'eau , & de poiſſon , ſur la pointe d'un
roc ou montagne d'une hauteur prodi-
gieuſe.

Novus orbis ſeu deſcript. Indiæ Occ'd. De Laet.
l. 5. c. 21. p. 26. Antrum mirabile ſub præcelſo
monte, in cujus medio Fons & amniculus. Liceti
Hydrologia , p. 91. & 181. *Fons Danubii in*
cacumine montis Abnobe.

De l'Ambaſſade de la Compagnie Orientale des Provinces-unies , *chap.* 29. *p.* 114.
Montagne de Pechan , du ſommet de laquelle les eaux ſe précipitent.

Hiſtoire de la Societé Royale de Londres , *fol.* 250. Où il eſt dit qu'ils trouve-
rent beaucoup de bonnes & abondantes
Fontaines qui couloient du ſommet de la
plûpart des hautes montagnes.

Journal des Voyages du ſieur de Mont-

L

conis, p. 28. de son Voyage d'Espagne, Fontaine sur une montagne au Royaume de Grenade.

Voyage d'Espagne 3. tom. Plusieurs Fontaines sur le Mont Serra. p. 160. *Rumdolfi Camerarii silloges memorabilium, centuria 50. art. 46. & 47. Fontium in altissimis montium jugis scaturiginum origo à mari. Nierembergius, lib. 2. cap. 26. Ait esse Fontem in Suevia Provincia in vertice montis excelsi, qui non nisi soli super Horisontem elucescente scaturigines emittit, & statim atque sol sub horizontem descendit, scaturire desistit.*

Kircher mund. subterraneus, tom. 1. lib. 5. c. 1. §. 9. pag. 269. America Provinciis in nonnullis locis ex altissimis rupibus ferventissimæ velut fluminum aquæ &c. Majol. colloq. 16. p. 212. In Insula Zeilan altissimus mons est, in cujus summo vertice peramœnus ac perlucidus lacus est.

Ambassade des Hollandois à la Chine, p. 50. & 116. Le Fleuve d'Etie paroît au plus haut de la montagne du Nam d'où il se précipite.

De l'Histoire naturelle & generale des Indes de Jean Poleur, liv. 3. ch. 5. Du Lac de Xaragua, & d'un autre Lac qui est au plus haut sommet des plus hautes montagnes de cette Isle & sa description.

Ambassade des Hollandois à la Chine en 1656. p. 43. Prés la **Cité** de Cinq-King est la montagne de Canguien, sur le sommet de laquelle il y a une fontaine medecinale de grande vertu, p. 99. Autre Fontaine pareille sur un mont.

Histoire des singularités naturelles d'Angleterre de Childrey, p. 269. presque au sommet de Roscherri montagne tres-haute, dont il sort une Fontaine tres-bonne, *pag.* 294. Montagnes prés de Northtine pleines d'eau sur le haut.

Baccius de Thermis , lib.5.cap.2. p.230. Cenisii montis lacus , & item Vesuli uterque in vertice non manifesta tantùm carent origine, sed ne digitum quidem excedunt labra , item lib.10. cap.3. pag.5. alia exempla affert.

Item historia naturale diferante imperato, cap. 2. Eusebius , l.2. c.26. R. Boyle in 8. de suspicionibus cosmicis , p. 41. Magna palus in vertice montis in Anglia versus Hiberniam.

G. Schot Anatomia fontium , l.1. c.3. p.29. Fons ex altissimo scopulo.

Item Joan. Zahn. in specula Mathemacico. Historica, impressa Noribergæ an. 1696.

In Historia Orcadum in cacumine montis Fons ex ipso corde seu fundamento montis ortus stupendæ levitatis , ut refert Sibbardus prodromo naturalis Historiæ.

In China Provincia Suchura prope Urbem Nekiang Fons est in vertice montis : plures alii Fontes in montib. eorumq; jugis, de quib. dictus Joan Zahn. in dicto Tract. Scrutinio 4. Disquisitione 1. c.2. §.5. pag.117. & seq. & p.124. & seq. Nova methodus Joan. Bauhini de aquis medicatis ubi , p. 14. & 19. paria refert de quodam monte rotundo Comitatus Burgundiæ ab aliis sejuncto, in quo agri , & in cujus cacumine Fontem esse perhibent. Talis etiam in vitifero Monte Belgardensi : & in Sangovia Lo-

tharingiam versus in cacumine præcelsi montis ab aliis semoti Fons cujus hîc est descriptio. Ex montis supercilio exortus per jugum quoque excurrens.

Architecture de Vitruve traduite par Jean Martin, l.8. fol. 113. v. Entre les eaux celles qui n'ont point de passages ouverts, & qui sont arrêtées par quelques roches ou autres empêchemens, sont contraintes d'être poussées à travers certaines venes étroites jusques aux coupeaux des montagnes.

Fontaines jaillissantes.

Ambassade de la Compagnie Orientale des Provinces-unies à la Chine , p. 283. Prés la Ville de Fu est le Mont de Yacinen, célebre pour la Fontaine qui réjaillit sur son sommet.

De fontib. salientib. Plinius, lib.4. cap.103. & lib. 31. cap.2

Baccius de Thermis , lib.1. c.21. p.89. & lib. 4. c.16. p.221. & 90. Lacu di Pilati in montanis certis horis subsiliens.

Ibid. In Cappadocia ut meminit Strabo: E fonte aqua emergit purissima ac tanta vi ut injecta in ipso hasta vix immergi possit.

Eusebius Nierembergius de miris & miraculosis naturis in Europa , 2. cap. 26. & 27. p. 432. Antigon. Eurist. Hist. mirabilium collectanea , c.165. Paludes omnia ejicientes.

Gaudentius Merula , lib.3. cap. 4. p. 163. In Cilicium tractu tanto impetu sursum Fontes erumpunt ut si hastam velis demittere non possis.

Kircher mund. subterr. tom. 2. lib. decimo, cap. undecimo, p. 228. De salinis Burgundiæ salsi Fontes è terra exiliunt , alter ab imo veluti ex olla ebullit , alter ex vivo saliens saxo.

Plinius, lib. 2. cap. 103. Fons in Arabia qui tanta vi exilit ut omnia pondera impacta respuat.

Voyage de la Martiniere és païs Septentrionaux , chap. 38. p. 294. parlant du Mont Hecla , il en sortoit, dit-il , par fois des jets d'eau chaude comme des tonneaux, d'autre-fois que flâmes & cendres.

Historia Regiæ Scient. Acad. lib. 1. c. 2. & de Cassin. de fontib. salientib. agri Bononiensis , Mutinensis & Austriæ inferioris.

Aristoteles, lib. de mirabilib. Fons (inquit) est in parte Urbis Siciliæ aquas ad sex cubitorum altitudinem ejiciens. In Illiriis qui Aridæi dicuntur juxta Autobitarum confinia mons magnus unde aqua prosilit copiosè. Item Georg. Agricola , locis infrà citatis. art. de vi expultrice Globi terrestris. Ubi de rivis salientib. & fontib. exilientibus , omne pondus impactum respuentib. &c.

Des Fontaines des lieux où il ne pleut presque jamais.

Des Voyages de Pietro Dellavalle, tom. 1. pag. 218. & suivantes : Aux deserts d'Arabie où il ne pleut presque jamais , & dans l'Arabie pierreuse il y a plusieurs Fontaines; Fontaine de Moyse , pag. 220. Autre Fontaine naturelle dans l'Arabie pierreuse , pag. 223. Petit ruiſſeau paſſant au milieu du Convent du Mont Sinai , p. 224. Autre Fontaine d'eau vive au Mont Sinaï. Auparavant en ce même tome 1. lettre 16. p. 13. Les Arabes ont caché par malice pluſieurs puits dans l'Arabie deſerte.

On trouve auſſi des Fontaines en Egipte quoy qu'il n'y pleuve point , de même dans la Sirie ſuivant le P. Vans-Leb en ſon Voyage d'Egipte , p. 253. 282. 303. 375. 231.

Mandeſlo , p. 384. de ſon Voyage des Indes , rapporte qu'au haut d'une montagne des Ternates où l'on ne voit jamais broüillads ni nüages , il y a un Lac d'eau douce.

Baccius de Thermis , l. 1. p. 46. fait mention des inondations de quelques Lacs , ſans qu'il y aye eu aucunes pluyes &c.

De his Georg. Agricola , lib. de ortu & cauſis ſubterraneorum , p. 11. & 12.

Lacs ſur montagnes.

Des Voyages de Thomas Hebert , liv. 2. p. 483. & 484. Sur le ſommet de la montagne de Colombot d'où vient la canelle il y a un Lac d'eau ſalée. *Ex Ludovico Barthema refert Majolus dierum canicularium colloquio 16. in inſula Zeilan altiſſimum montem eſſe , in cujus ſummo vertice peramœnus ac perlucidus lacus eſt & ſimilia ſubſequenter.*

Idem Majolus colloquio 12. p. 174. ſic, inquit, Recentiores qui novum orbem peragrarunt, com-

*memorant in Hispaniola insula in summo præ-
alti montis cacumine lacum esse ambitu trium
millium patentem , peroptimis refertum piscibus.*

*At majoris ambitus lacum Fr. Alvares
tradit in Æthiopia compertum esse in regno Fa-
tigas, in summo enim excelsi montis vertice scribit lacum esse circumitu patentem ad passuum
12. millia.*

*Sunt & alii in Italia , præcipuè verò com-
memorabilis est ille qui spectatur in Monte Gar-
gano nitidissimis aquis & sapidissimis piscibus ,
ut Leander memorat. In ulteriore Hispania
mons valde excelsus est., ut Bocatius memorat ,
nomine Canatus , in cujus vertice lacus est sum-
mæ & inexplorabilis profunditatis colore niger,
huic nomen Canatus.*

*Sunt etiam alia ejusdem naturæ loca de qui-
bus postea.*

*Joan. Zahn. in dicta specula. p. 124. Lacus
in Historia Orcadum in cacumine montis ex ipsâ
ejus corde seu fundamento ortus. ut refert Sib-
bard. in prodromo naturæ histor.*

*De talib. lacub. Georg. Agricola , l. 3. De
natura eorum quæ effluunt ex terra , p. 133.*

*Becher in Physica subterranea , l. 1. sect. 2. c.
1. p. 50. ubi de acidulis thermis in altissimis
sæpè montium cacuminib. inventis & p. 51. vi-
demus , inquit , in ipso mari insulas , in insulis
montes , in montium supremis cacuminib. scâ-
turigines quæ cum fluxu & refluxu vicini maris
quoad incrementum & decrementum accuratè
conveniunt , p. 54. affert exemplum sanctæ Hele-
næ insulæ.*

Fontaines & Lacs qui ne croiffent ni ne diminuent jamais.

Novus orbis feu defcriptio Indiæ Occident. de Laet. lib. 5. cap. 17. In Tropeaca Provincia, p. 255. In finibus Themachalco atque Chaculac juxta Alyoxucan pagum in fummitate montis lacus cernitur à fummis ripis ad 50. origias depreffus qui nec hiberno, nec pluviofo tempore augetur nec æftate minuitur, altitudinis eft incompertæ. l. undecimo c. 9. p. 465. In valle Tarapaya quæ duas vel tres leucas diftat ab oppido, ad caput hujus vallis vifitur lacus plane rotundus, cujus fcaturigines, licèt folum in ambitu frigidius fit ad ripam quidem modicè calent, in medio verò ita fervent ut ab hominibus tolerari non poffint, ebullit aqua in medio viginti pedum ambitu, nec tamen, quod mirabile eft, lacus unquam augeri ac minui cernitur, nec tunc quidem cum canalis ex illo deductus eft ad molam agendam.

Majolus colloq. 13. p. 184. In lætis Macedoniæ lacus eft gnitrofus ac falitus, exilit autem ejus à medio dulcis fonticulus quo femper emicante lacus nec augetur nec effluit. Plin. lib. 31. c. 10.

Paulopoft eadem pag. Macedonicus lacus Fontis manantis fcaturigine non augetur, fuggerit alterius Fontis naturam non procul à Lilibeo promontorio qui nec augetur ullis aquis affluentibus, nec minuitur hauftis, ablatis &c. ut Leander tradit.

Ambaffade des Hollandois à la Chine, Fontaine au Sud de la Ville de Gueignang qui ne diminuë point quelque effort qu'on fasse pour l'épuiser,

Baccius de Thermis, lib. 4. c. . . . p. 242. Lacus immensæ profunditatis ac incompertæ semper plenus sua aqua spontè & clare emanans , nec unquam è margine fluens. Eusebii Nierembergii liber de miris in terra Promissa , c. 1. p. 457. Fons similis &c.

Ambassade des Hollandois à la Chine , en 1656. p. 82. Montagne de Tienchi proche de Mien en la Province de Suchuen , il y a un Lac que la pluye ni la secheresse n'augmentent ni ne diminüent jamais.

Pag. 188. prés la Ville de Gueigang au Sud-Est il y a une pareille fontaine.

Minera del mondo di Gio Maria Bonardo, lib. 1. cap. 6. f. 12. Nel paese disalentmi appresso la cita di Manduria te un Laco pieno infino à lorbo, nel siema per caversive qua vel creser per metterveve.

Joan. Zahn. in dicta specula , pag. 120. & seq. plures refert similes lacus qui plures fluvios recipiunt, per nullum tamen locum aquas emittentes , inter quos ponit mare Caspium & Lacum Asphaltitem seu mare mortuum. Lacum Soran in Moscovia , Calgistan , & Citur in Persia. In Gallia prope civitatem Chateau-D'un lacus est (inquit) qui numquam pluviis accrescit aut quovis modo turbatur.

La Popeliere en son livre des trois mondes , fol. 20. & V. suivant *Olaus Magn.* le Lac Vener qui a 44. lieuës de longueur , & presqu'autant de large , auquel entrent 24. rivieres , & les lacs Meller & Viter ,

& autres qui ne croiſſent en apparence ni ne diminuent jamais. Tel eſt le Lac Aſphaltite en Judée qui reçoit le fleuve du Jourdain, ce qui fait penſer que toutes ces petites mers rendent leurs eaux en plus grande partie ſous terre &c.

Mons & Lacs tempeſtueux.

Du Livre de l'Ambaſſade de la Compagnie des Provinces-unies vers l'Empereur de la Chine & grand Cam de Tartarie, des ſieurs Pierre de Gayer, & Jacob de Keiſer, ch. 22. Montagne de Tievulu qui a dans ſon enceinte un Etang nommé le Dragon, dans lequel ſi vous y jettez une petite pierre on entend un bruit effroyable, p. 188. Montagne de Tongeu, prés de Gueigang où l'on entend comme un tambour quand il doit pluvoir, p. 59.

Montagne de Teype prés Vacang, d'où ils diſent qu'on exciteroit de grandes tempêtes ſi on y batoit du tambour.

P. 270. Le lac de Chang dans le mont de Chiniven qui fait raiſonner les eaux comme une cloche, avant la pluye ou le mauvais tems. *Prædictus Joan. Zahn. in dicta ſpecula. pag. 21. Mons Paoki in Xenſi Chinæ Provincia tempeſtate imminente tanto murmure ſtrepit, boatuſq; edit ut ad 30. ſtadia exaudiantur.*

In Aſiæ quódam monte dicto Tanchen haud procul à Queiang cum pluviæ imminent tympani pulſi ſtrepitus præmonet accolas.

In India Orientalis Provincia Cachemire duo sunt montes altissimi Pirepeciale & Singlasec dicti, qui quoties caravana sive plurium itinerantium societas cum variis clamorib. & strepitu transit, mox pluviæ, & imbres largissimi cieri solent &c.

In ducatu Vitembergensi cripta est inter pagos vulgò dictos Aufen, & Auberofen è quasi sereno tempore cum nebula è spelunca progressa cernitur, pluviæ ac tempestates succedere solent, Zeiglero teste.

In Umbria prope civitatem Narmi terra reperitur quæ sicco aëre tota madet, cœlo autem pluvioso ac humido aret, & tota pulverulentâ comperitur, ex Majol.

D. Georg. Agricol. l. 4. de natura eorum quæ effluunt ex terra, p. 150. ubi de ventis terræ cavernis inclusis erumpere conantib. ibi quoque de locis procellosis.

G. Schot. Anatomia fontium, l. 1. ch. 4. p. 43. In Catalonia est mons Cannarum altissimus & quasi inaccessibilis, in cujus summitate est lacus cujus fundus est imperscrutabilis, siquis modicum lapillum injecerit, statim tempestates cientur.

Novus orbis seu descriptio Indiæ Occidentalis Joan. de Laet. lib. 7. cap. 5. juxta pagum S. Bartolomei in Provincia Quelenan, terra hiatum quendam instar putei aperit in quem si lapidem vel minutum dejicias, ingens tumultus cietur, statimq. licet sereno & tranquillo die, tanta & tonitrui similis procella emicat ut procul audiatur & vix ferri possit.

Idem est quod de specu in Dalmatia prodidit Plinius.

Aux Mons-Pirenées au sommet de la montagne de S. Barthelemy prés de Pisserda, laquelle montagne est la plus haute de toutes il y a un Lac de deux arpens de largeur, dont on n'a jamais sçû trouver le fonds, dans lequel si on jette une pierre, il se fait un grand bruit, & il survient trés-peu de tems aprés une grosse pluye avec grêle & tonnerre.

Kircher fait la même Relation en son monde soût. l. 5. sect. 4. ch. 6.

Descriptio montis fracti sive Pilati juxta Lucernam in Helvetia per Conradum Gesnerum, post ipsius Tract. de raris & admirandis herbis p. 52. Locus circa palustris est, si quicquam ab homine injiciatur, toti regioni ex tempestatibus & inundatione periculum esse ajunt. Idem Conradus Gesner in eadem descript. montis fracti, pag. 54.

CyrenaicaProvincia, inquit Pomponius Mela, lib. 1. de orbis situ, rupes quædam est quæ cum hominum manu attingitur, ille immodicus exurgit, arenas quæ quasi maria agens sic sævit ut æquor fluctibus.

Joachinus Vadianus in commentariis Pomponii Melæ eadem plane dicit, & confirmat ex visu quæ dicta sunt à Conrado Gesnero de lacu Montis Pilati.

Item ex Fœlicis Malleoli Tigulini Dialogo, cap. 32. subdit, constat mihi quod in Alpibus inter Bononiam & Pistorium civitates prope Castellum Samburi similis mons est & lacus ad provocandum tempestates horribiles. Item de monte Veneris ad tempestatis coruscationem fa-

pe provocato. eadem confirmat Kircher *, in mund. subterr., l.5. sect. 4. ch. 6. De dicto Monte Pilati & addit : talis quoque lacus dicitur esse in monte non longe dissito à Tridento qui tam sævas dicitur commovere tempestatum procellas &c.*

Eadem refert Majolus in dieb. canicularib. colloq. de Scagioso Apennini monte, & Momonio Hiberniæ Fonte, & Decunato Lacu Hispaniæ.

Bocatius quoque eadem narrat de Palude Pilati.

Indiæ Orientalis descriptio latinitate donata studio & opera M. Gotardi Arthus part. 1 2. lib. 3. cap. 2. pag. 199. aqua miraculosa haud longè à portu Hafnefurgia rupes assurgit bifurcata & velut fissa cujus rimam in putei speciem deprimitur infra 7. vel 8. pedes in ejus fundum si despicias, aqua tibi nulla apparebit, si verò lapidem injicias audies prosilientis aquæ murmur, postea tinnitum, postremo aquam usque ad summum fibræ labrum ascendere.

Histoire des singularitez naturelles d'Angleterre de Childrey, pag. 242. Prés de Bala il y a un grand Etáng lequel la chute des eaux ne font jamais augmenter ; mais s'il arrive que l'air soit agité de vents & de tempêtes alors il se deborde, pag. 297. Dans la riviere de Can, proche de Kendal il y a deux cataractes dont l'eau tombe de fort haut avec grand bruit, quand celle qui est au Nord fait le plus de bruit, c'est signe de beau tems & si c'est celle qui est au Sud c'est signe de pluye V. le theatre de nature de Bodin , sect. 5. pag. 235.

In Dalmatia specus est vasto hiatu (ut narrat Plinius) in quam dejecto pondere levi quantumvis tranquilla die , mox turbini similis emicat procella , de ea Majol. & de simili specu apud Volaterras. In Arvernia regione Galliæ ad Montem Dor, alia quoque est specus Soucis apellata, in quam si lapis projiciatur continuæ tempestates provocantur , grandines , & tonitrua, ita Zeiglerus. In Provincia Foquien in montib. tempestates imminentes sonitu quodam quasi campanæ pulsu prænuntiat Fons ejusdem proprietatis dictus Theroæ Monachopoli prope Edenburgum & alii.

Fontaines de *flux* & *reflux* , conformes à ceux de la mer.

Plurimos tales Fontes refert prædictus Joan. Zahn. in dicta specula disquisit. I. scrutinio 4. c. 11. Nempe Fons Gaditanus in Delubro Herculis putei in Ripa Boëtis Fons in Hispali oppido ; alter in montanis Cebreti dictus Lauzana. Alter juxta exordium Bori fluvii in Comachia regione Hiberniæ, similis in Vuallia, Burdigalæ in Gallia, & prope civitatem Chambery. *Calis in Hispania, Hinglohan in Chiapu Provincia Chinæ. De iis quoque Fontib. qui cum mari augentur & minuuntur Georg. Agricola, lib. 3. de natura eorum quæ effluunt ex terra , p. 129.*

Historia orb. Maritimi, lib. : c. 42. Ex Plinio, lib. 2. cap. 97. & Gasp. Schot , lib. 10. c. 1

Fons motib. Oceani consentiens eodem in loco quo alter modo consentiens modo contrarius. Eod.

lib. 2. c. 43. p. 667. contra Timanum Amnem insula parva est in mari cum Fontibus calidis qui pariter cum æstu maris crescunt minuunturque.

Novus orbis seu desc. Indiæ Occid. de Laet. lib. 7. c. 5. p. 326. In pago Casa Malpa Provinciæ Chiapæ Fons limpidus eodem quo Oceanus modo sex horis crescens & decrescens etsi à mare longissimè absit.

Guillerm. Gilberti Philosophia nova, lib. 5. cap. 20. fol. 313. De æstu Fontium in Lagenia ditione Valliæ seu Cambriæ quæ insulæ nostræ Occidentalis pars est ; in Parrochia de Kilken Fons est distans à mari sex milliaria, singulis diebus bis ut mare impletus & inanitus.

In comitatu Darbiæ dictus Tisdelvel cujus aquæ visæ sunt sæpe ascendere ut mare solet qui tamen 40. milliaria à mare distat.

In Hibernia, in Comaglia Fons est erumpens in montis cacumine longe à mari qui statis temporib. ut mare singulis diebus æstuat aquarum augmento & diminutione.

Journal des Voyages de Monsieur de Montconis, en son Voyage de Syrie, p. 317. Fontaine de Siloé qu'on dit avoir flux & reflux.

Cosmographie de Thevet, liv. 7. ch. 14. p. 234. Montagne en l'Isle de Delos nommée Ciultrie, à présent Caura au pied de laquelle est une Fontaine qui croît & décroît ainsi que la mer, non pas toûjours mais en certaine saison & principalement durant les ardeurs de la Canicule.

Relation du Voyage d'Espagne, tom. 1. p. 237, Dans la haute montagne de Cebrez on trouve une Fontaine à la source du Fluve de Lours qui a son flux & reflux conforme à la mer bien qu'elle en soit éloignée de vingt lieües.

L'Histoire naturelle d'Irlande , sect. 3. fol.103. fait mention de la Fontaine susmentionnée , ayant des flux & reflux conformes à ceux de la mer , quoyque située sur une haute montagne éloignée de la mer.

Baccius de Thermis, p.174. Cyanæ Fons crescens & decrescens cum Luna.

Conatus ad explicanda Phœnomena R.Boyle R.H. p. 43. Fontes qui memorantur à Doctissimo Camdeno & post ipsum ab Aspedio inventi in hac insula quorum alterum narrant in cacumine montis apud parvum pagum Kilken in comitatu vulgo dicto Flintschire maris æmulus qui statis temporib. surgit & cadit juxta fluxum maris.

Alter est in comitatu vulgo dicto Caermardenstire in loco dicto Cantred Bichan qui ut scribit Girardus naturali die, bis undis deficiens & toties exuberans marinas imitatur instabilitates.

Item Kircherii mundus subterraneus, tom.1. lib.5. sect.4. cap. 4. de Fontium nonnullorum fluxu & refluxu ; de his quoque Andreas Baccius de Thermis , lib. 1. cap. 24. pag. 45. ex Plinio.

Ambassade de la Compagnie Orientale des Provinces-unies à la Chine, p. 270. Le Mont Huchung enferme un Puits où l'eau entre & sort comme si c'étoit le flux de la mer.

Item

Item Kircher *mund. subterr. tom. 1. lib. 5. sect. 4. cap. 4. de fontium nonnullorum fluxu, & refluxu.*

De his quoque Andreas Baccius de Thermis, l. 1. c.24. p.45. ex Plin. l.6. §.1. §. 8. p.268. Paliscorum lacus immensæ profunditatis occulto cum Æthna corresponsu aquis ad tres cubitus in altum assurgentib. statib. in eas tum à mari vicino tum ab æstu incumbentibus. . de similibus fontib. plura dicit & exempla sive descriptiones affert.

Et P. Gaspard Schotus *in Anatomia fontium, lib.1. c.1. p.13. & c.4. & lib. 6. c.1. p. 356. & 357.*

Item Eusebius Nierembergius de miraculis Europæ. , cap.29. & c.53.

Abrahamus Ortelius in Hibernia,& Giraldus, lib.2. Topograph. Hiberniæ. Conimbricenses in Meteoris. Schot. p. 16. Est (inquit) Fons ejusmodi prope Urbem Petrachoram vulgò Perigueux.

Histoire des singularités d'Angleterre de Childrey, p.154. Prés du Kilcher il y a une petite Fontaine qui a flux & reflux comme la mer.

Plurimos Fontes habentes pariter fluxus & refluxus conformes fluxibus & refluxib. maris, refert Joan. Zahn. in specula Physica - Matematico-Historica , disquisit. 1. scrut. 4. cap. 11. scilicet fons Gaditanus in delubro Herculis. Putei in Ripa Boëtis. Fons in Hispali Oppido. Alter in montanis Cebretti dictus Louzara. Alter juxta exordium Bori fluvii in Comachia regione Hibernia. Similes in Vuallia, Burdigala in Gallia,

M

& prope civitatem Chambery. *Calis in Hispania. Hinghoan in Chiapu Provincia China. De iis font. qui cum mari augentur & minuuntur. Candenus, & Speedius de fontib. fluentib. & refluentibus maris instar in insula, quorum alterum narrant esse in cacumine montis apud parvum pagum* Kilken *in Comitatu vulgò dicto* Flinschire*, maris æmulus, qui statis temporib. suas evomit & resorbet aquas ; qui statis temporibus surgit & cadit instar fluxuum maris. Alter in Comitatu vulgò dicto* Cærmardenschire *, de iis in lib. cui titulus,* Conatus ad explicanda Phænomena *de R. Boyle per R. H. impresso Amstelodami.*

Fontaines, Fleuves, Gouffres, ou Eurippes qui ont leurs flux & reflux contraires à ceux de l'Ocean.

D. c.1 l.4. Lud. R. Patritii de Urbe India Cambaja. *Auctus inibi fluminum contrarias vices incrementorum habens, quippe qui non nisi decrescente luna augescunt, apud nos verò plenilunis tumescunt amnes mirandum in modum.* Schotus *in Anatomia fontium; de simil. fontib. tractat & exempla refert, lib. 6. c.1. p. 358. & 359.*

Minera del mondo di Signor *Gio Maria Bonardo, l.6. 1. cap.6. n. 11. Villa Arcadia appresso il fiume Sabrino è il laco Lingalma è qual nel crescere di Oceano si retira cedendo all'onde marine, riversandole poi vel si mare con grand impeto.*

Vincent le Blanc en son Voyage des In-

des, pag. 67. au Royaume de Cambaye
les flux sont contraires aux nôtres, les
eaux étans les plus basses à la pleine-Lune,
le même arrive à Bengala.

Wossius dans son Guidon de la Navigation, ch.15.p.71. & 72. *Navigatio R. Patritii, l.4. c.1.* Itineraire de Loüis Barthema, 1. 1. Histoire universelle de Fr. de Belle-Forest, ch. 9. rapportent les mêmes choses.

Hist. orbis maritimi, lib. 2. c.42. p.658. in Ripa Boëtis oppidum est cujus putei crescente æstu minuuntur, augescunt descendente. De his Plin. lib.2. cap.97. G. Schot. lib.1.cap.1.

Guill. Gilberti Philosophia nova, lib.5. cap. 20. in Lagenia ditione VValliæ seu Cambriæ qua insula nostra Ocidentalis pars est, in Parochia de Kilken Fons est qui distans à mari 6. milliaria singulis dieb. bis ut mare impletur, & inanitur impletis cum mare recessit, inanitur cum accessit.

Andreas Baccius, lib.1. cap.24. de similib. fontib. ex Plinio: item Kircher mund. subterr. sect. 4. c. 4. pag.286.

Conatus ad explicanda Phænomena R. Boyle per R. H. pag. 43. Puteus ad fluvium Ogmore in Comitatu Glamergensi prope Nemeroniam, de quo Camdenus refert fontem istum fluere & refluere motu plane contrario fluxui maris in istis partib. nam fere vacuus est pleno æstu maris, sed plenus decurrente mari.

Histoire des singularités naturelles d'Angleterre, & païs de Galles, de Childrey, P.335. Puits prés Nevuton & de la riviere

M ij

de Seudon, dont l'eau est tres-basse quand la mer est haute, & dont l'eau boüillonne en grande quantité quand la mer est basse, cela ne se remarque pas bien qu'en Esté, parce qu'en Hyver elle ne se voit pas si bien à cause des torrens des pluyes.

Majol. dies caniculares colloquio 13. Strabo refert à Polybio ad Gades fontem esse in quo paucis gradibus descendatur aqua potabilis contrariæ marinis fluctib. naturæ, quando quidem dum illius augentur, aqua ejus minuuntur, & contra.

Multos similes fontes memorat hoc loco Majol. ex variis Authoribus, sed notabile illud, quod refert, p.183. ex Ludovico Barthema, se in regno Cambiæ Orientalis Indiæ deficiente luna fontes quosdam excrescere & minui plena luna.

Lud. Barthem. de reb. Indicis, lib. 1. cap. 1. quod mihi inde provenire videtur ex eo quod maris fluxus in littorib. hujus regni fieri soleat temporib. oppositis ordinariis fluxib. aliorum marium.

De his novus orbis regionum ac insularum veteribus incognitarum impressus Basileæ apud Jo. Hervagiven 1532. & Lud. Patritii Indicarum rerum, lib.4. cap. 1. p.225.

Georg. Agricola de natura eorum quæ effluunt ex terra, lib. 3. p. 129. ibi de fontib. qui modo mari contrario fluunt & refluunt.

Item Joan. Zahn. in dicta specula Phisico-Mathematico-Historica, plurib. locis & speciatim, p.138. hæc refert de vortice Norvegiæ sc. quod resorbeat aquas accedente fluxu, reflet, sive restituat dum fit refluxus. Item de

alio simili in Scandia , & circa polum arcti-
cum.

Fontaines dans des tems les ayant conformes & dans d'autres difformes

Hist. orbis Maritim. lib.2. c.42. p.658. in
Gadibus qui est delubrum Herculis , proximus
est Fons inclusus simul cum Oceano augens mi-
nuiturque , alias verò utrumque contrariis tem-
poribus.

Gouffres ou Euripes abforbans & rejettans
alternativement les eaux.

Historia orbis maritimi, lib.2. cap.33. pag.
691. sub promontorio S. Nasi : In Lappiam navi-
gantib. antrum occurrit vorticosum quod singulis
horis mare absorbet , & alternatim evomit.
J. Herbinii dissertationes de cataractis, lib.2.
cap.9. p.126. 127. & 128 & sequentib.   De
Charibdibus Norvegiæ & aliis aquas &
navigia sorbentib. p.132. & seq. aquas sub-
sequenter & omnia eructantibus.
Pag.134. ex Lerino Algotio (refert idem
Herbinius pag.335.) observatum esse à peritis
harum partium ultro citroque commeantib. vi-
ris , postquam Norvegicus vortex aquas abfor-
pserit , alterum in Bothnico mari vorticem de-
nuo eas per subterraneum sinum Norvegicum
ad vomendas aquas quas absorpserit, cogere, &c.
Olaus Magnus , lib.2. Historiæ Septentriona-
lis cap.6. tradit sinum Bothnicum innumeris sco-
pulis intricatum , montibus altissimis circun-

M iij

datum, intra quorum radices mare per immen-
sas voragines cum horribili & intolerabili sono
nunc absorbetur nunc iterùm revomitur.

G. Agricola de natura eorum quæ efflaunt ex
terra lib.3. p.131. ibi de gurgitib. magnis quo-
rumdam fontium, & lib.4. p.152. & 153. de
voraginib. sub mari aquas sorbentib. per hiatus
immensos aperientib. urbes, agros absorbentib.
item de aliis moles egerentib. & evomentibus.

Jacques Fumée, des mouvemens des
mers p.127. en la mer Glaciale à S. Nase,
il y a un Gouffre, lequel six heures boit la
mer & six heures la rejette.

Non loin d'Irlande il y a un autre
Gouffre, auquel abordent tous les flots de
la mer, non loin de là un autre qui a
flux & reflux, &c.

Baccius de Thermis lib. 1. c.18. p.92. locus
in mari anfractuosus vastis cavernis per quas
præcipitans longo tractu mare sursum invento
obici regurgitat & quasi reciproco impulsu re-
currit &c.

Kircher *mund. subterranei, tom.1. lib. 1.*
cap. 16. pag.102. de Tauprominitana charibde
contingit (inquit) ut aquarum egestarum mo-
les sursum tendat atque in forma clivi in super-
ficie surgat. de his Schoti Anat. font. l.1. c.8.

Joan. Zahn. in dicta specula Phisico-Ma-
them. Historica, p. 138. dicit vorticem Norve-
giæ tredecim in ambitu continere milliaria se-
cundùm Geographos, cujus centrum occupat ru-
pes Mucske dicta ; sex horis omnia absorbet &
totidem revomit ; sorbet accedente fluxu, re-
flat refluxu.

Refert quòque ex Zeiglero, esse in Scandia inter tres insulas Norvegiæ scilicet Lofoth, Largamnas, & Mastral, mare Muskostron apellari solitum, in quo aquæ sorbentur accedente fluxu, & rejiciuntur refluxu. In sinu maris Persici dissimilis spectatur vortex. Item inter Angliam & Normaniam. Idem J. Zahn. loco prædicto de vehementib. fluxib. tractuum marinorum polo arctico vicinorum secundùm testimonia Nautarum.

Insulæ natantes & alia gravia corpora sustentata aut pulsata ab aquis, Isles flotantes.

Kircher mund. subterr. tom. 1. lib. 5. sect. 4. cap. 2. Consectario 2. de insulis in lacubus & stagnis fluctuantibus.

Sc. in lacubus Stratoniensi, Tarquiniensi & Vadimontis, ut testatur Seneca, & nos de illis (inquit Kircherus) fusè agimus in Hetruria nostra quarum tum hodierna die nulla superesse comperitur; in lacu Cutiliæ & in Lydia Nimpharum insula lacus Cheumis; in Ægyptoque Lucos, Silvasque & Apollinis grande sustinens Templum natabat.

Hodie compluribus locis tum in Europa tum in cæteris mundi partium regionibus tales reperiuntur.

Tribus Tribure milliarib. in Albula fluvio sexdecim insulæ fluctuantes quas Barchetta de vocant; In Gallia Belgica juxta Audomarum lacus ingentem insulam arboribus consitam & pascuis uberem portans, alia in Gallia Narbonensi.

Majoli dies caniculares colloq. 14. p. 196. de plurib. insulis fluitantib. ex Leandro & Plinio.

M iiij

Ortelius de alia insula fluitante in Scotia memorat , p. 194. de novis insulis quæ prodierunt à mari ex plurib. Autorib.

Item Kircherii mund. subterr. tom. 1. l.2 cap. 12. §. 1. de montib. & vallib. absorptis & renatis ; plures tales hîc ex Historicis commemorat. Item §.2. montes, inquit, successu temporis deficiunt & valles attolluntur. §.4. de insularum novarum exordio , p.79.

Hist. de Thunis & d'Alger , *p.* 66. & 67. Riviere couverte de sable.

Quantité de coquilles trouvées sur les hautes montagnes , suivant le raport d'Olearius , *p.*276. & liv. 4. p. 379. de Pietro Dellavalle , p. 473. *Majoli dies caniculares , p.219. naves cum omnibus instrumentis & 40. hominum cadaverib. & plurima conchilia reperta in jugis montium.*

Alexander ab Alexandro genialium dierum, lib. 5. cap. 9. Alia exempla de miris lapidib. Conchi. &c. Borellus Cent.2. observat. 61. Johandan. de Cancris & serpentib. petrefactis. Relation de l'Isle de S. Erin Du P. Richard , *p.* 18. Isle sortie du fonds de la mer, *& alii similia referunt.*

Joan. Zahn. in prædicta specula , p. 21& sequentibus ex Hieronimo Hirnhaim. de Typho. & Zeiglero , quosdam numerat Fontes altissimos in quib. innumera reperiuntur conchilia. Sc. in Gallia prope arcem Cadillac ad Garumna flumen , p. 42. de piscibus fossilibus , pag. 44. in altissimis , inquit , Veronensium Alpium jugis non pauca effodiuntur conchilia &c.

*Autres remarques & autres choses singulieres
des mers.*

De la Relation de Fr. Alboa , servant
de suplément à celle de Ferdinand Cour-
tois ; du long la Province de Cubiacano
à quelques lieües du Port Sainte Croix on
trouve une mer sans fonds , & une autre
qui a le fonds tout blanc , ensuite auprés
de la terre on voit les entrées de certaines
cavernes dont la mer sort & entre ; on
croit que la mer entre pour de là produire quelques grandes rivieres.

Singularités d'Angleterre de Childrey ,
p. 254. és environs de Ditzmard & de
Marthlan la terre est creuse & suspenduë ,
& monte quand l'eau monte.

Mundus subterr. Kircher. *tom.* 1. *lib.* 2.
c. 20. *p.* 120. *&* 121. *in visceribus Andium
antrorum receptacula sunt tantæ capacitatis, ut
integris regionibus in terrena superficie non ce-
dant , in his ingentes ingentium fluminum ca-
taractæ inter alia memoranda navicula. Ibidem
inventa quomodo hic introducta nemo fuit qui
conjecturis potuerit &c.* Item refert *J. Zahn.
in dicta specula , p.* 133. *his verbis , sub marib.
sæpè ingentes meatus subterranei è quib. flumina copiosa evolvuntur , de variis motib. maris
alibi speciatim.*

*Georgius Agricola de ortu & causis subterra-
neorum , lib.*2.*p.*27. *de mari subterraneo , seu
abstruso , & lib.*3.*p.*37. *de cavernis quib. maria sustinentur , p.* 139. *de fluvio subterme-*

dio mari penetrante , & rursus exeunt , lib.4.
p. 153. caverna per quam mare cursu magno ,
sonituque fertur. Item Becher Physicæ subter.
lib. 1. sect.2. c.1. p.58. & 59.

Puits & autres cavernes , desquels l'air entre & sort.

Joan. Zahn. in dicta specula Phys. Mathem.
Histor. scrutin. 3. disquis. 2. c.4. pag. 341.
plurima collegit de ventis ; eorumq; ortu &
progressu in proximis locis sæpè (ut refert)
venti sunt contrarii etiam in eodem loco , af-
fertq; plura exempla. Item de ventis periodicis
de terra in mare , & de mari in terram spi-
rantib. deque legibus periodorum , eorum al-
ternationib. seu vicissitudinib. impetu , locis ,
qualitatib. specieb. &c.

Subsequenter de montib. Æoliis criptis ven-
tosis , pag. 344. cripta Æolia Novioduni seu
Nions ex Relatione Petri Gisonii in mundo sub-
terraneo , lib. 4. sect. 2. cap. 10. celeberrima
est , ex ea expirant perennes venti impetuosi in
montib. Thebet, ubi Ganges nascitur : ex Relatio-
ne Balthasar Danrada , montes nonnulli per
omnes fissuras horribili sonitu ac fremitu ven-
tos emittunt. Idem habetur in relatione P.
Pais. de nonnullis montib. Æthiopiæ , in Alpib.
Gallembergensib Carniolæ superioris quæ Stiriam
à Carniola disterminant vulgò Gallemberska-
Plavina dictis. Foramen patet instar camini qui
Accolis VVeternox dicitur , in quod si lapis inji-
ciatur validus erumpit ventus , vehementesq;
natus ut refertValvasar in Topographia Car-
niola.

Haud procul Ternio cui adjacet mons Æolius, ad cujus pedes plures patent rimæ, & fissuræ per quas æstivis mensibus venti vehementes efflare solent, his utuntur incolæ per canales ad refrigerium, observant si venti stata tempora ita ut de die quatuor horis ante & totidem post meridiem flatus suos continuent, inde verò paulatim remittunt & de nocte omnino silent, hyeme non efflant, & è contra, aër externus intus trahitur, unde si levia aliqua corpora scissuris illis apponantur, mox attrahuntur & intus rapiuntur. Narrat Vincentius Bellovacensis, apud Tartaros montem esse haud magnum, è cujus quodam foramine hyberno tempore tantæ tempestates emergunt, ut homines illinc vix & non nisi cum periculo transire possint. Mons Fang in Huquang Chinæ Provincia (ut Pater Martini refert in Athlante) in quo Vere & Autumnonullus ventus percipitur, Æstæ verò è cavernis assiduè emittitur; hyberno verò tempore ventus non extra sed ab extra attractus impellitur, ejusmodi montes Æolii in multis aliis Europæ locis reperiuntur scilicet in Italia mons Casiorum, & in Gallia quidam mons Alverniæ.

Olaus Magnus refert in Aquilonari plaga montes reperiri, ad quorum radices antra reperiuntur, ex quibus maximus erumpentium ventorum fragor &c. Simile antrum Æolium patet in Subsbacensi superioris Palatinatus territorio &c. alios refert P. Fournier in Geographia orbis, lib. 5. c. 15. Item Schot. in Magia naturali, part. 2. lib. 3. Syntagma. 5.

Georg. Agricola de ortu & causa subteraneo-

*rum, de aëre subterraneo & de ventis, pag. 20.
21. 22. & 23. & seq. & lib. 2. p. 133. de
ventis qui sub terra oriuntur. Item p. 150. &
151. è terra erumpentibus.*

*Idem Agricola de natura eorum quæ effluunt
ex terra, lib. 4. pag. 144. de aëre subterraneo.*

Monsieur Boyle dans son Traité *de temperie subterranearum regionum, cap. 10.* tire
d'*Agricola* l'exemple de deux Puits prochains, dans l'un desquels l'air entre continuellement, & l'autre duquel il sort de
même incessamment, ainsi (dit ledit Agricol) *De ortu & causis subterraneorum, me-
diante caniculo vel canali ille qui foveam ac
fodinam ipsam connectit aër qui in unam ex illis foveis influit ad aliam transit, & 5. lib.
de re metallica, aër exterior se sua sponte fundit
in cava terræ atq; cum per ea penetrare potest,
rursus evolat foras secundùm diversas tempestates &c.* En suite ledit sieur Boyle ajoûte,
*Curiosissimus quidam vir, cujus in subterraneis
structuris cura præcipua versabatur, cursum aëris
tam æstate quam hieme eadem fieri constante via
asseverabat, intrante aëre ad orificium putei &
egrediente ad perpendicularem foveam ; hic
etiam affert ex Morino simile testimonium.*

*Baccius de Thermis in additamentis primi lib.
cap. 21. pag. 92. in fine indicat fluxum & re-
fluxum aëris.*

Kircher *mund. subterr. tom. 1. lib. 2. c. 19.
p. 111. & seq. de plurib. locis, montib. & cavernis
è quib. aër & venti exeunt. Item p. 116. sic
ait mirum dictu non jam vento expirante pro=*

truditur , sed introrsum nescio qua abdita vi at-
trahitur , & tantò quidem vehementius quan-
to frigus fuerit intentius : ratio p. 117.

Alexander Guagainus in Moscoviæ descri-
ptione narrat ventos sese insinuare in terræ præ-
cordia indidem erumpentes.

J. Herbinius de cataractis , lib. 1. Disserta-
tione 1. cap. 5. pag. 26. de circulatione aëris
ingrediendo terræ cavernas atque iterum alibi
egrediendo.

Item Kircher mund. subterr. tom. 1, lib. 4.
sect. 2. de aëris & ventorum causis cap. 1. p. 191.
& 192. de mira naturæ circulatione ubi com-
parat circulationem aëris circulationi aquarum.

Vulcans , c'est à dire Montagnes ou Cavernes ,
    desquelles il s'éleve ou sortent de grands feux
    & des mers , dont il en est sorti diverses fois.

Un Autheur nommé Thomas Ittigius a
fait un Traité de ces sortes de Montagnes,
Puits, ou Cavernes de feu ; Kircher en
son monde soûterrain, l. 4. ch. 3. & plusieurs
autres Auteurs , suivant lesquels tant en
Europe qu'en Asie , Affrique , Amerique
& és Indes , il s'en trouve trois ou quatre
cens.

Th. Ittigius seul en compte plus de deux
cens. Licetus en son Livre intitulé Hydrologia , p. 161. 110. & 112. fait mention des feux qui sont sortis de la mer ;
& le P. Richard dans sa Relation de ce
qui s'est passé dans l'Isle de S. Erin , &
autres Auteurs. Mandeslo dans son Voya-

ge des Indes l 1. p.472. l'Ambaſſade des
Hollandois à la Chine en l'an 1656. p.48.
font la deſcription des Puits de feu, tels
que ſont les nôtres d'eau commodes à
cuire.

J.Nardi de igne ſubterraneo, ch.6.p.114.&
15.fait mention de ceux qui ont certains
tems reglés. Ittigius ſect.2 .p. 217. ſuivant
Gaſſendi *in Vita* Peireſchii,dit que ceux d'E-
hiopie ont correſpondance avec le Veſuve,
diſtant de quatre à cinq cens lieuës de ce-
luy-là, avec ceux de Syrie & d'Arabie, &c.

Joan. Zahn. in dicta ſpecula multa ex plu-
rimis autoribus collegit de ignibus ſubterraneis,
& è montibus, criptis, planiſque locis erumpen-
tibus haud procul à Puteolis ubi fumi denſi &
igniti, &c.

In Lothiavia, & Orientali Scotiæ parte
prope prædium de Ephinſten, & in provincia
Fiſenſi paulò ſupra oppidum Diſart: utrobique
planities longa flammis perpetuis exhauſta, fo-
raminibus permultis cavernoſa eſt, &c. de iis
Sibaldus in prodromo hiſt. natur. Scotiæ lib.1.
c.3. Strabo ſcribit lib.1. juxta Modonem ali-
quando exhalationem igneam erupiſſe à con-
tinenti, intumuerat enim tellus ad ſeptem ſta-
dia in altum tanto inſuper fervore, ut mare pro-
ximum ad quinque ſtadia, ferveret. Turbaretur
autem ad 20. ſtadia, tantamque fuiſſe conge-
riem lapidum ut turres æquaret. In Hiſpania per
terræ motum emiſſus ignis omnia depopulatus
eſt, ut refert Keckelmam in ſyſtemate Phyſico
lib.2.cap.12. Polidorus refert ante mortem Hen-
rici primi Angliæ regis terram horride motam

fuiſſe , ignemque pleriſque in locis ſpiraſſe , qui aqua neque aliis rebus exſtingui potuit. Fulgo-ſius lib.1. c.4. de ſimili igne è terra emiſſo in Ubiorum Urbe Germaniæ ante Agripinæ , Clau-dii Uxoris. Item de alio imperante Tito Ray-mundus in chronica refert anno 99. ignem è Rheno exortum ingentem calamitatem edidiſſe.

Idem author in chronica anno 1135. in Gal-lia tellus præ calore flammam emiſit. Anno 1540. inſolitus per Europam æſtus multa exci-tavit incendia potiſſimum in Saxonia & aliis lo-cis. Anno 1160. Urbis Friſingenſis cœleſti igne abſumpta fuit.

Georg. Agricola de natura eorum quæ effluunt ex terra , lib. 4. pag. 145. ubi de locis arden-tibus , & pag. 157. de ignibus ſubterraneis ex profundo terræ exeuntib. ambuſta ſaxa cru-ctantib. maſſas ferri ſimiles foras projicientib. &c. Ibidem montibus ignivomis ſeu vulcanis , plurima de iis , pag. 158. 159. & 160. Item de flammis ſuperficiem maris excurrentibus , & profundis ignium cavernis , p. 161. de eruptio-ne flammarum & ignium è diverſis locis terra-rum & marium. Item pag. 162. enumeratio aquarum calidarum , pag. 163. & 164. rur-ſus de plurimis locis qui tunc aut antiquitus exarſerunt , incendiorumque cavernis per lon-gum ſpatium ſub terra modo erumpentib. mo-do ut fluvii ſub mare erumpentib. in canalibus ſubterraneis , de iis quoque in tract. de ortu & cauſis ſubterraneorum, de ignis fomite & ef-fectibus exempla plura , lib. 2. p. 35. & 36. in eodem tract. pag. 13. de inteſtino terræ in-cendio , pag. 16. de ignis ſubterranei materia & paſtu ſeu fomite , lib. 3. p. 44. aquæ (in-

quit) calescunt imprimis à subterraneo calore.

Apuleius Platonicus lib. de mundo : non (in-quit) aquarum modo tellus in se fontes habet, verum etiam spiritus , & ignis fœcunda est, nam quidam sub terra occulti sunt spiritus, & flantes incendia indidem suspirant , ut Li-pare , Æthna , & Vesuvius quoque noster so-let ; illi etiam ignes qui terræ secretariis con-tinentur prætereuntes aquas vaporant , produnt longinquitatem flammæ cum tepidiores aquas reddunt ; viciniam , cum ferventiores , opposito incendio aquæ uruntur , ut Phlegetontis amnis quem Pœta inferorum &c.

Philo Judæus lib. de mundo , pag. 406. natura (inquit) ignita in terra concita.

Tremblemens de terre.

Suivant les observations raportées par Kilcher, *in mundo subterr. 1. 2. lib. 10. sect. 3. c. 1.* & les Relations des Ouvriers & Officiers des plus profondes mines , p. 183. 186. ils sentent au dessous d'eux les tremblemens de terre , ce qui fait connoître la profondeur de leur origine ; les divers Autheurs dont j'ai receüillies les observations, témoignent qu'il n'y a aucune partie du monde qui en aye été exempte , & qu'il y en a eu d'une si grande étenduë que des regions entieres de quatre à cinq cens lieuës , & toute une partie du monde s'en sentoit en même-tems , ils s'étendent sous les mers comme sur terre ; il y a des Autheurs qui en rapportent de

certains

certains qui ont parcouru tout l'Univers,
Monsieur Duhamel en son histoire de l'Academie des Sciences , fait mention de
ceux qui sont arrivés plus recemment és
années , 1682. 1688. pag. 215. & 256.

*Prædictus Joan. Zahn. in dicta specula , ex
Dydimo in Catena super Job. de terræ motu per
quem tota ipsa terra conquassata fuit , & è
centro convulsa D. N. Christi. Item de plurimis
aliis terræ motibus. Et Chronicon terræ motuum à Christo nato memorabilium , scrutin. 4.
disquis. 1. cap. 13.*

*Anno 1117. mense Janvario terræ motus
inter diem & noctem per totum terræ orbem
una vice factus est : hujus effectuum descriptio exstat in Trithemii Chronicon. Hirsang. Stumpsius ,
lib. 4. cap. 46. Maximi terræ motus Orientalis tractus an. 1170. an. 1646. terræ motu tota China concussa fuit. an. 1694. 19. Martii , terræ motus Leodii , Massiliæ. &c.*

*Idem Joan. Zahn. in dicta specula. Plura ex
diversis Authorib. collegit de amplitudine , causis , signis & effectib. terræ motuum.*

*Item tom. 2. scrutin. 4. disquis. 1. cap. 3.
pag.13. & 15. de montib. novis ex terra motib.
natis, & Georg. Agricola de ortu & causis subterraneorum , lib.2. p.26. 27. 28. 29. & seq.*

*Item Apuleius Platonicus lib. de mundo de
terra tremorib. eorumq; insolentib. effectibus.*

Passages & maximes des Platoniciens &c.

M. Ficin. de elementis , p. 123. ab elementorum vita origo virtutum occultarum. 129. vi-

*vifici terræ partus , & de vita intima terræ ,
p. 1449. terra quaſi totus eſt mundus.*

   *Plotinus Enneade 6. lib.7. c. XI ch.704. aër,
& aqua videntur ſe habere in univerſo , ut in
corpore vivente humores. Ariſtoteles lib. de mi-
rabilibus in Melo inſula. Loca terræ defoſſa
denuo replentur ; & terræ interiora ut anima-
lium & plantarum corpora habent ſtatum , &
ſenectutem , quod vivant , argumenta ab eis
genita. Ariſt. meteor. 1. ſumma 4. c.2.c.486.
& 1. Phyſic. n.2. c.1. & 4. Hypocrat. devictus
ratione , p.344. omnia quæ ſunt in corpore ſuo
modo ad Univerſi imitationem , &c. Tranſitus
ſpiritus calidi , & frigidi ad terræ imitationem , &c. idem Hypocr. in aphoriſmis , p.1282.
ubi de terræ hiatibus & venis in imis receſſibus
natura viſcerum omne genus fabricavit.*

   *Kircher in 1. præfat. mundi ſubter. de ter-
ra loquens : Dici poteſt (inquit) organum verè
harmonicum : & p. 2. Hanc denuo vocat ad-
mirandum geoſcomi interioris organum & cap.
2. & c. 3. præfat. de interiori geoſcomi fa-
brica , non minori ſane (inquit) quam in hu-
mani corporis tot vitalium membrorum officiis
diſtincti, tot venarum, fibrarum, nervorum, muſ-
culorumque ductib. inſtructi , tot cæcis meatuum
Syphonib. pertuſi &c.*

   *Addit in præfat. 2. p. 3. nihil in hoc opere
quod experimentis à me factis comprobatum non
ſit.*

De la faculté expultrice du Globe terreſtre.

Joan. Zahn. in dicta ſpecula Phyſico - Mathematico - hiſtorica tom. 2. pag. 22. de pluribus montibus nativi ſalis in comitatu Cardone , in quibus cum maximè ſale vacuatur , tunc citius in altius creſcere dicitur , ita refert Joan. Gerundus in Paralelipomenon Hiſpaniæ, lib. 1.

Eadem pag. Joan. Zahn. de mirabili quorumdam montium ortu atque abſorptione.

Pag. 23. poſſunt (inquit) maria & ampliſſima aquarum conceptacula ad reconditos terræ ſinus recedere , &c. poſſuntque à ſubterranea expultrice facultate per lapidum , arenarum , cinerum , aliarumque ejectionis aquarum profluvia ſiſti , vel exſiccari , &c.

Kircher in mundo ſubterraneo , refert eſſe in Helvetia locum quemdam inter lacus cui opponitur mons præruptus ac petroſus : hic (inquit) quotidie nova ſumit incrementa, ita ut nullum ibi conſtare poſſit ædificium , ejuſmodi incrementum , novuſque erumpens agger calidiori in primis tempore, mane potiſſimum , &c.

In aliquibus etiam locis gelu concretus later extruditur , uti & lapides , & petræ , plura de hoc monte videntur apud Zeilerum.

Imperante Lothario anno 8. ejus Imperii natus eſt agger ſive collis in Saxonia ſex paſſuum millia longus.

Idem Joan. Zahn. pag. 13. & 15. de terris in altum ſublatis ex Hevelio ; aliiſque authoribus.

Pag. 35. terra tractus circa Mutinenſem ur-

bem in quo si locus unde sulphur erutum est, terra denuo repleatur, intra quatuor annos vero sulphure repletum reperiatur.

In insula Milo Archipelagi terra est ea natura ut si effossa illò, mox transferatur aliò, mox alia renascatur, & in ablatæ locum mirabiliter succedat; ita refert Neilchitz, in Itinerario Orientali.

In Catalaunia laudatur inexhausta & perennis lapidicina, crescente sic materia, & cicatricem obducente natura, ut nihil pene videatus excisum, licet infinita quotidiè petatur materia.

In agro Trojano prope Lectum promontorium sales sponte nascuntur in Halysio campo, & Trogoesi, ut testatur Æneas Sylvius, cap. 7. Asia.

His addi possunt insulæ natantes de quibus idem Zahn. pag. 37. & conchilia in montibus & pisces fossiles de quibus hic author. pag. 42. & 44.

Georg. Agricola de ortu & causis subterraneorum, lib. 1. pag. 5. quæ (ait) terra gignit in gremio contenta partim sua vi è terra erumpunt, & lib. 2. pag. 26. ubi de opinione Thaletis, qui aquam omnium principium statuit : & terra tanquam grande aliquod navigium visa est in ea fluitare, cujus opinionis mentionem fecit Seneca & Plutarchus.

Democritus asserit, ut scribit Aristoteles, terram esse plenam aquarum, quam opinionem Aristoteles non refutat, pag. 27. de amne subterraneo & mare recondito : Terra (inquit) sæpe numero molem ejecit. Ibidem, & lib. 5. p. 76. propriis motibus elementum aliud, aliud depel-

lit , nam etiamsi aqua sua vi , & pondere descendat in inferiorem locum , ascendit tamen ex terra ut super ipsam natet. Apuleius , lib. de mundo. Aquam (inquit) in se habet tellus, aqua (ut alii putant) vehit terram, & subsequenter fontes , & maria quæ meatus , & lacunas & origines habent in gremio terrarum &c.

Idem Agricola lib. 3. ejusdem tractatus de natura & causis subterraneorum. p.37. Plura dicit de cavernis quib. maria sustinentur & similibus , pag.40. de caverna lapillos & arenas extrudente & ejiciente , & similib. plurib. in epistola nuncupatoria tractatus de natura eorum quæ effluunt ex terra , pag. 88. dicti tractatus , ubi de aquis & aliis rebus quæ erumpunt ex terra , rivisque salientibus , & lib. 3. pag.128. de fontib. exilientib. & omne pondus impactum respuentibus , saxa extrudentib. & ejicientib. lib.4. p.153. de insulis enatis ; de terra occultè molem evomente , fluctib. in altum sublatis. De quib. dicto loco exempla historiasque narrat.

Dion Xiphilinus commemoravit in Antonino pio , admirandam quandam aquarum scaturiginem in monte cujus vertex in continenti terra maritimum fluctum evomit , spumamque puri & lympidi maris procul inde in terram projecit. Andreas Baccius de Thermis , p.344. refert lacus & fontes in Portugallia admirabilem consensum habere cum aëre , & apud eum dicto loco.

Josephus Texera in Compendio rerum Portugalliæ dicit in montanis Jugo præalto cui nomen Stella , lacum esse non parvum qui cum vix lin-

rres ac naviculas admittat, permulta navium fragmenta redundat, 20. leucis diſtat à mari, & cum eo æſtuat, ut Timavus & alter ſimilis in Monte, Cranus dictus, alter fons in Portugallia omnia abſorbens, alter omnia reſpuens.

Quib. addi poteſt ratio, & cauſa aſcenſus cujuſdam navis maritimæ in cuniculum per quem metalla effodiuntur an. 1460. apud Helvetiorum pagum Bernam inventæ centum brachii ſub terram, & ſi ea pars Alpium longè ſit à mari, de qua navi in eo loco reperta, Fulgoſius teſtis ocularis, lib. 1. factorum dictorumq; memorabilium. Huc etiam referri poſſunt ſimilia quædam narrata ab Athanaſ. Kirchero, lib. 1. mundi ſubter.

F I N.

TABLE

du Traité de l'Anatomie du monde
fublunaire.

TABLE.

TABLE.

Fin de la Table.

APPROBATION.

J'Ai lû par l'ordre de Monſieur le Chancelier , *l'Anatomie du monde ſublunaire.* Le public y verra de quelle maniere on applique encore aujourd'huy les principes de l'ancienne Philoſophie. Fait à Paris ce 3. Septembre 1706.

RAGUET.

Extrait du Privilege du Roy.

LOUIS par la Grace de Dieu, Roy de France & de Navarre, à nos amez & Feaux Conseillers, les Gens tenans nos Cours de Parlemens, Maîtres des Requêtes ordinaires de nôtre Hôtel, Grand Conseil, Prevôt de Paris, Baillifs, Senéchaux, leurs Lieutenans Civils, & autres nos Justiciers, Salut. Nôtre bien Amé ANTOINE BRIASSON, l'un de nos Libraires ordinaires de la Ville de Lyon ; Nous a fait exposer qu'il desireroit donner au public l'impression d'un Livre composé par le sieur Comte de Fenoyl, intitulé *Anatomie du monde sublunaire, contenans les démonstrations des dispositions de la constitution & mouvemens de toutes les parties du Globe élémentaire depuis sa circonference jusques à son centre,* s'il nous plaisoit lui accorder nos Lettres sur ce necessaires. A CES CAUSES, Nous lui avons permis & permettons par ces presentes de faire imprimer ledit Livre, en telle forme, marge, caractere, & autant de fois que bon lui semblera, de le vendre ou faire vendre par tout nôtre Royaume pendant le tems & espace de six années consecutives, *à compter du jour & datte des presentes* ; Faisons défenses à tous Imprimeurs, Libraires & autres personnes
de

de quelque qualité & condition qu'elles
foient, d'imprimer, faire imprimer, con-
trefaire, vendre ni debiter ledit Livre,
fous quelque pretexte que ce puiffe être,
même d'impreffion étrangere fans le con-
fentement par écrit de l'Expofant, ou de
fes ayans caufes, à peine de confifcation des
Exemplaires contrefaits, de quinze cens
livres d'amande contre chacun des Contre-
venans, dont un tiers à Nous, un tiers
à l'Hôtel-Dieu de Paris, & l'autre tiers
audit Expofant, & de tous dépens, dom-
mages & interefts, à la charge que ces
prefentes feront enregiftrées tout au long
fur le Regiftre de la Communauté des
Imprimeurs & Libraires de Paris, & dans
trois mois de la datte d'icelles, que l'impreffion dudit Livre fera faite dans nôtre
Royaume & non ailleurs, & ce en bon pa-
pier & beau caractere, conformément
aux Reglemens de la Librairie, & qu'a-
vant de l'expofer en vente, il en fera
mis deux exemplaires dans nôtre Biblio-
theque publique, un dans celle de nôtre Chateau du Louvre, & un dans celle
de nôtre tres-cher & feal Chevalier Chancelier de France, le fieur Phelypeaux Comte de Pontchartrain, Commandeur de nos
ordres, le tout à peine de nullité des prefentes, du contenu defquelles; Vous man-
dons & enjoignons de faire joüir l'Expofant, ou fes ayans caufes, pleinement &
paifiblement, & fans fouffrir qu'il leur foit
fait aucun trouble ou empechement. Vou-

O

Ions que la Copie defdites prefentes qui
fera imprimée au commencement ou à la
fin dudit Livre , foit tenuë pour dûë-
ment fignifiée , & qu'aux Copies colla-
tionnées par l'un de nos Amez & Feaux
Confeillers Secretaires , foy foit ajoûtée
comme à l'Original ; Commandons au premier nôtre Huiffier ou Sergent de faire
pour l'execution d'icelles tous actes réquis
& neceffaires fans autre permiffion , no-
nobftant Clameur de Haro , Chartre Nor-
mande & lettres à ce contraires , Car tel
eft nôtre plaifir. Donné à Verfailles le
vingt-fixiéme jour de Septembre , l'an de
grace mil fept-cens fix. Et de nôtre regne
le foixante quatre.

Par le Roy en fon Confeil

GRESLE.

ERRATA.

Page 2. *Article* 2. *ligne* 9. les , *lisez* , ces : *p.* 4. *lig.* 22. des , *lisez* , les : *p.5. l.*15. former , *lisez*, fermer : *p.* 6. *l.*1. avancé , *lisez*, avancée : *p.* 7. *l.*15. aprés *laissés* , ôtés la virgule. *p.*13. *l.*24. ôtés l's à *vertus.* *p.*21. art.3. aprés le mot *signes* ajoûtés *tirés.* *p.*25. art.4. aprés le mot *audessus* ajoûtés *du Globe terrestre.* *p.*26. *l.*23. Belher. *lis.* Becher. *p.*27. *l.*3. aprés *parviennent* ajoûtés *que.* *p.*28. à la marge *l.*9. Monteonis , *lis.* Montconis. *p.*29. *l.*7. à la marge circumferentia, *lis.* circumferentiæ , & *l.*19. venam, *lis.* urnam , & *l.* 24. spectamus , *lis.* spectans. *p.* 30. *l.*14. Guiller. *lis.* Gilbert , & *l.* 18. qui *lis.* que. *p.*34. *l.*8. Cabes, *lis.* Cabeus *p.*35. à la marge *l.*2. Feneca, *lis.* Seneca , *l.*22. effluuntur, *lis.* effluunt, *l.*25. aprés *Agricola,* ajoûtés *de p.*41. *l.*15. separées, *lis.* reparées. *p.*43. *l.*12. ôtés le mot *deux.* *p.*45. *l.*33. aprés *sub finem* ajoûtés l. *p.*46. *l.*7. huguenes , *lis.* huguens, & *l.*19. à la fin ajoûtés la. *p.*48. *l.*8. poid, *lis.* poids. *l.*13. aprés *toutes* ajoûtés *les.* *p.*50. *l.*19. choses des flotes. *lis.* les chocs des flots. *p.*52. *l.*2. à la marge , poleus , *lis.* peleur. *l.*11. antigou, *lis.* Antigonus. *l.*31. devant *rivieres* ajoûtés des , & aussi devant *fontaines* , *p.*55. *l.*24. a. *lis.* & *l.* 26. ces mots *& ce principalement* , sont omis. *p.*56. *l.*4. de *lis.* dont. *p.*59. *l.*20. intermettans, *lis.* intermittans. *l.*21. saisonnaires , *lis.* saisonniers. *p.*65. *l.*22. à la marge Fromedum, *lis.* Fromundum. *p.*75. *l.*5. de l'une, *lis.* de l'axe. *l.*10. ajoûtés s. à inferieur. *p.*93. *l.*2. de, *lis.* des. *p.*96. *l.*20. aprés *&* ajoûtés *de l.*22. diferentes, *lis.* diferens. *p.*102. *l.*31. delors *lis.* deslors. *p.*103. *l.*8. separée, *lis.* separé. *p.*117. art.5. *l.*2. des regles, *lis.* dereglés. *p.*120. *l.*5. gardez, *lis.* gardées. *p.*121. *l.*32. moindres, *lis.* moins. *p.*124. *l.* dern. & *lis.* de. *p.*125. *l.*33. grand, *lis.* grande *p.*132. *l.*11. de *lis.* des. *P.*134. conforme, *lis.* conformé. *p.*139. *l.*2. observées, *lis.* observés. *p.*142. *l.*2. ajoûtés *&* aprés *separation.* *p.*151. *l.*15. Kircher, *lis.* Kerger. *p.*152. *l.*1. Atala, *lis.* Athlas. *p.*153. *l.*10. à la marge Fie, *lis.* Fienus. *p.*159. *l.*15. represention, *lis.* representation. *p.*160. fontaine, *lis.* fontaines, l.22. baie, *lis.* bâtie. p.162. Rundelphi, *lis.* Rudolphi. p.169. l.18. te, *lis.* è. l.19. qua. *lis.* aqua. p.175. l.1. Timanum, *lis.* Timavum. p.177. l.23. du Kilcher, *lis.* de Kilchen. p.178. l.29. Crefiere, *lis.* Crescere. p.192. l.15. comita, *lis.* condita.